软件测试丛书

接口测试方法论

陈 磊◎著

人民邮电出版社

北 京

图书在版编目（CIP）数据

接口测试方法论 / 陈磊著. -- 北京 ： 人民邮电出
版社，2022.5（2022.7重印）
  （软件测试丛书）
  ISBN 978-7-115-58760-2

  Ⅰ．①接… Ⅱ．①陈… Ⅲ．①软件工具－自动检测－
测试方法 Ⅳ．①TP311.561

  中国版本图书馆CIP数据核字(2022)第035919号

内 容 提 要

　　本书系统地讲解了如何把测试的思维和接口测试的技术结合到一起，从而使读者拥有接口测试能力，这种能力既包含工具的使用、代码的编写，也包含用例的设计。本书内容循序渐进、由浅入深，首先介绍接口和接口测试的概念以及接口测试都包含哪些测试活动，然后通过案例阐述如何从流水账式的接口测试脚本逐步抽象出属于自己的接口测试框架，接着从场景切入，系统地展示如何测试完全陌生的协议接口，以及如何在测试微服务接口时使用 Mock 技术梳理混乱的调用关系，最后讨论持续测试和智能化测试。

　　本书适合测试人员阅读，也可供计算机相关专业的师生参考。

◆ 著　　　　　陈　磊
　　责任编辑　谢晓芳
　　责任印制　王　郁　焦志炜
◆ 人民邮电出版社出版发行　　北京市丰台区成寿寺路 11 号
　　邮编　100164　　电子邮件　315@ptpress.com.cn
　　网址　https://www.ptpress.com.cn
　　北京天宇星印刷厂印刷
◆ 开本：800×1000　1/16
　　印张：15　　　　　　　　　　2022 年 5 月第 1 版
　　字数：337 千字　　　　　　　2022 年 7 月北京第 3 次印刷

定价：79.90 元
读者服务热线：(010)81055410　印装质量热线：(010)81055316
反盗版热线：(010)81055315
广告经营许可证：京东市监广登字 20170147 号

作 者 简 介

    陈磊，京东前测试架构师，阿里云最有价值专家（Most Valuable Professional，MVP），华为云 MVP，极客时间命题专家，中国商业联合会互联网应用工作委员会智库专家，中关村智联软件服务业质量创新联盟软件测试标准化技术委员会委员，*Asian Journal of Physical Education & Computer Science in Sports* 编委会委员。具有多年质量工程技术实践经验，精通研发效能提升、手工测试团队的自动化测试转型实践、智能化测试，已发表近 30 篇学术论文，拥有专利 20 余篇。著有图书《京东质量团队转型实践——从测试到测试开发的蜕变》。

前　言

2006 年到 2009 年，我在研究生实验室第一次接触到软件测试，看到实验室的师兄师姐们基于 TTCN3 做的测试套件的演示就觉得很特别。我还在研究生实验室第一次接触了基于 MSC（Message Sequence Chart，消息序列图）的测试代码生成技术。当时，我就对这种从 UML（Unified Modeling Language，统一建模语言）图形到代码的方式很着迷。毕业后，我成了一名软件测试工程师，刚入行时，我一直在做功能测试，工作的主要内容就是设计测试用例，然后手动执行。随着工作的不断深入，我逐渐接触到 Postman 之类的接口测试工具，这让我开始对接口测试产生了浓厚的兴趣。后来，我在京东中台担任测试架构师，主要负责中台的微服务接口测试以及提高质量效能等工作。我的工作目标就是让机器完成接口自动化测试中费时费力的事情，包括测试脚本的开发、测试数据的准备、测试的执行以及测试结果的收集等待等工作。

在京东，我和所在的团队一起开发了自动化接口测试平台 AAT。此外，我也是 AAT 自动化脚本生成算法的主要设计者之一，我曾在各种技术峰会上对其关键算法做过详细介绍。伴随着我的成长，我对接口测试的认识也在不断完善，就像武侠小说里那种"人剑合一"的感觉，我的技术和我在共同成长。在此过程中，我完成了从具体的测试代码到框架设计的思维转变，拥有了平台设计的思维，我还通过不断尝试和探索，完成了智能化测试框架的设计和开发。从使用工具完成接口测试，到自己写代码完成接口测试，再到慢慢封装自己的框架，直到走上让测试框架更智能的技术路线，我用了十几年，其间我走过不少弯路，也踩过不少坑。

一路走来，我逐渐理解了自动化接口测试的本质。自动化接口测试是指能够自动完成接口测试执行的活动，包含接口测试和自动化执行两方面。其中，接口测试是指在依托测试技术模拟协议客户端（这里的客户端是协议层访问客户端，既可表现为客户端系统，也可表现为以微服务的调用发起方等任何包含协议发起方代码或实现的系统或软件）行为的基础之上，按照测试用例设计方法完成接口入参的设计，然后与被测服务器交互并验证结果是否满足预期的测试行为；自动化执行是指能够提供按迭代、定时及按需方式完成无人或很少有人直接参与的测试活动。除这些基本功能之外，随着自动化测试技术的发展，自动化接口测试中的接口逻辑模拟、测试数据设计、断言操作、测试缺陷自动提交、误报缺陷自动过滤等无人或很少有人参与的功能越来越多，从而使质量效能的提升有了多种优秀的实践方案。

本书融入了我从研究生实验室开始对测试的认识，到参加工作后的十几年里对持续测试的深入理解。本书从接口测试的思维建立开始，把业务测试的思维和接口测试的技术结合在一起，形成接口测试的思维，让每一位读者都拥有接口测试能力，这种能力既包含工具的使用、代码的编写，也包含用例的设计。读者将能够通过接口测试的思维方式理解持续测试，并通过一些质量门禁的设计完成质量效能的流水线配置，这样既可以完成流水线的交付，又可以保障交付制品的质量。读者还将能够通过测试左移和测试右移来完成持续测试的落地。

服务与支持

本书由异步社区出品，社区（https://www.epubit.com/）为您提供后续服务。

提交勘误信息

作者和编辑尽最大努力来确保书中内容的准确性，但难免会存在疏漏。欢迎您将发现的问题反馈给我们，帮助我们提升图书的质量。

当您发现错误时，请登录异步社区，按书名搜索，进入本书页面，单击"提交勘误"，输入勘误信息，单击"提交"按钮即可，如下图所示。本书的作者和编辑会对您提交的勘误信息进行审核，确认并接受后，您将获赠异步社区的 100 积分。积分可用于在异步社区兑换优惠券、样书或奖品。

与我们联系

我们的联系邮箱是 contact@epubit.com.cn。

如果您对本书有任何疑问或建议，请您发邮件给我们，并请在邮件标题中注明本书书名，以便我们更高效地做出反馈。

如果您有兴趣出版图书、录制教学视频，或者参与图书翻译、技术审校等工作，可以发邮件给我们；有意出版图书的作者也可以到异步社区投稿（直接访问 www.epubit.com/contribute 即可）。

如果您所在的学校、培训机构或企业想批量购买本书或异步社区出版的其他图书，也可以发邮件给我们。

如果您在网上发现有针对异步社区出品图书的各种形式的盗版行为，包括对图书全部或部分内容的非授权传播，请您将怀疑有侵权行为的链接通过邮件发送给我们。您的这一举动是对作者权益的保护，也是我们持续为您提供有价值的内容的动力之源。

关于异步社区和异步图书

"异步社区"是人民邮电出版社旗下 IT 专业图书社区，致力于出版精品 IT 图书和相关学习产品，为作译者提供优质出版服务。异步社区创办于 2015 年 8 月，提供大量精品 IT 图书和电子书，以及高品质技术文章和视频课程。更多详情请访问异步社区官网 https://www.epubit.com。

"异步图书"是由异步社区编辑团队策划出版的精品 IT 专业图书的品牌，依托于人民邮电出版社的计算机图书出版积累和专业编辑团队，相关图书在封面上印有异步图书的 LOGO。异步图书的出版领域包括软件开发、大数据、人工智能、测试、前端、网络技术等。

异步社区

微信服务号

目　　录

第1章　测试那点事

1.1　软件测试概述

软件测试是伴随着软件工程的发展而产生的，它是软件工程发展过程中精细化分工的必然产物之一。在工业领域，每一种产品在生产过程中都会有质量检测环节，质检人员通过测试来检验产品是否达到要求。软件系统的制品过程也不例外。软件测试是指利用评估或验证手段来检查应用系统是否与预期一致，并在规定条件下对程序进行操作以发现错误，同时对软件质量进行评估。

从早期的由一个人完成软件的需求设计、开发、测试、交付客户到逐渐形成不同岗位的精确化细分，其间经历了很长的时间。直到 1975 年，软件测试才彻底和研发工程师自我的调试阶段区分开来，成为一种寻找软件缺陷的技术活动。1979 年，*The Art of Software Testing*（《软件测试的艺术》）出版，这本书对软件测试行业有着重要的里程碑意义。当时，软件测试的主要目标仍是找到软件中的缺陷，这其实与我们现在所说的软件测试是有区别的。如今，我们在提到保障软件（或构件）质量时，测试活动和制品过程是作为有机整体看待的，而不是看成相互割裂的两部分。

这种保障软件（或构件）质量的思想要追溯到 20 世纪 80 年代早期，在这一时期，IEEE（Institute of Electrical and Electronic Engineers）、ANSI（American National Standard Institute）、ISO（International Standard Organization）等国际标准逐渐被制定出来。1983 年，Bill Hetzel 在

Complete Guide of Software Testing（《软件测试完全指南》）一书中指出，"测试是以评价程序或系统属性为目标的任何一种活动，测试是对软件质量的度量"。软件测试的这一定义至今仍被沿用。2002 年，Rick 和 Stefan 在 *Systematic Software Testing*（《系统的软件测试》）一书中对软件测试做了进一步定义，"测试是为了度量和提高被测软件的质量，而对测试软件进行工程设计、实施和维护的整个生命周期过程"。

随着软件工程的发展，"内建质量"的理念越来越被广大 IT 从业者认可。"质量是构建出来的，而不是测出来的。"在系统提交测试的时候，系统的质量就已经内置于系统之中了，测试工程师运用测试思维，设计测试用例并开发测试场景，从而将系统里存在的缺陷挖掘出来，之后再将问题的详细出现过程记录下来，交给团队内部的研发工程师修复缺陷。这也说明研发工程师和测试工程师是团队协作关系，一支能够交付优秀系统的团队通常由产品经理、研发工程师、测试工程师、运维工程师、项目经理等人员组成，团队内部的每一名成员都需要为交付高质量的系统而努力。

1.2　测试和质量

测试和质量的关系与日常生活中到菜市场挑选水果的道理是一样的。当我们挑选苹果时，衡量苹果好坏的标准就是苹果的大小、形状、颜色以及是否带有明显的损伤，但这些仅仅是挑选的标准，而且这些标准都是从以往哪种苹果"好吃"的挑选经验中总结出来的。如果我们想要真正判断出苹果是否口感好，就只能切开苹果，看一下里面是不是坏了、有没有虫子等，并且还需要咬一口尝尝。就算商家同意这种挑选方式，我们也不可能对挑选的每个苹果都尝一口。有这样一个笑话。父亲叫儿子去买火柴，嘱咐儿子火柴要能擦得着，儿子回来说："我买的火柴都擦得着，因为每一根我都试过了。"就像这个买火柴的小男孩一样，如果我们对每一个将要交付的软件制品都进行测试，那么交付给客户的可能就不再是他们想要的软件制品了，而是燃烧过的"火柴"，从而导致和客户的预期结果不一致。最好的办法就是抽样，先买一个苹果，切开后尝一尝，如果抽样结果达到要求，就认为这些苹果都满足预期，对于火柴也一样。

这种质量验证方法（抽样）几乎适用于所有的产品，无论是工业生产还是软件工程，交付的既可以是物理形式的产品，也可以是软件系统。买到一个坏苹果或一盒擦不着的火柴并非什么大事，但如果自动驾驶的测试方法不合理、不科学，那么后果就有可能让驾驶人付出生命代价。因此，到底应该进行什么样的抽样和检查，才能让抽样样本的质量代表所有产品的质量？这促使软件质量保障变成一个不断深入发展的工程实践方向。

在实际工作中，我们很多时候会将质量和测试混为一谈。QA（Quality Assurance，质量保障）、QC（Quality Control，质量控制）和测试在很多不同的场合发挥着相同的作用并交替出现。Google Testing Blog 对 QA 的定义是，"为 QC 工作提供持续改进和一致性保障流程"，所以 QA 主要侧重于质量管理的组织以及监控生产过程的一致性等方面的工作；Google Testing Blog 对 QC 的定义是，"验证是否满足预期的质量保障活动"，所以 QC 主要侧重于验证，是"团队寻求方法来确保产品质量得到维持或改进并减少或消除制造错误的过程"；而测试旨在检测和解决软件源代码中的技术问题并评估整个产品的可用性、性能、安全性和兼容性。

从上面的定义中我们发现，其实 QA、QC 和测试是很容易区分的。QA 以引入质量标准、建立适当的流程，进而避免交付的产品中存在一些缺陷为目的，重点关注流程，建立能够预防出错的流程是 QA 工作的根本出发点，QA 约束全部干系人及其工作产出。QC 主要关注产品在发布之前质量是否得到应有的控制，QC 约束产品的全部制品过程，QC 能通过管控每一个环节，约束全部制品团队都对所交付产品的质量负责。测试是为了发现问题，然后在团队内部促使缺陷得到修复，测试约束的是制品过程，重心在于检测研发工程师交付的源代码和产品经理交付的需求之间的一致性，以及检测其他一些质量特性的满足程度。

由此可以看出，QA、QC 和测试之间是不能相互代替的。软件测试人员在项目交付过程中主要承担的就是测试工作，测试是软件制品过程中的重要环节之一，但并不等于说有了软件测试人员，就一定能保证所交付系统的质量非常好。测试虽然与开发过程紧密相关，但测试人员关心的不是软件制品过程中的活动，而是要对软件制品过程的产物以及开发出来的软件进行剖析。测试人员需要"执行"软件，对软件制品过程中的产物（如开发文档和源代码）进行走查，找出问题并报告软件质量。测试人员还必须假设软件存在潜在的问题，他们在测试中要做的就是找出更多的问题，而不仅仅是为了验证每一件事都是正确的。对测试中发现的问题进行分析、追踪与回归测试也是软件测试中要做的重要工作，因此软件测试是保障软件质量的重要手段。在软件工程中，QA、QC 和测试之间的关系如图 1-1 所示。

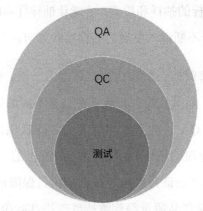

图 1-1　QA、QC 和测试之间的关系

1.3　从找缺陷到质量保障

在软件工程发展的早期，软件测试的主要目的就是寻找软件的缺陷，很多公司一度以发现的缺陷数量来考核测试工程师和研发工程师的工作成果。测试工程师为了得到好的绩效，拼命地找缺陷，研发工程师看着提交的一个个缺陷，对自己的绩效十分担忧。这种绩效考核机制导致测试工程师和研发工程师形成对立关系，更别提交付团队的质量文化了。Bill Hetzel 很早就提出了测试不仅仅是为了发现软件缺陷与错误，更是为了对软件质量进行度量和评估，以提高软件质量。软件测试的最终目标，就是以最少的人力、物力和时间找出软件中潜在的各种错误和缺陷，然后通过修正各种错误和缺陷来提高软件质量，从而规避软件发布后，由潜在的软件缺陷和错误造成的隐患带来的商业风险，这一目标需要测试工程师和研发工程师努力交付高质量的系统才能达成。

测试是以评价程序或系统属性为目标的活动，是对软件质量的度量与评估，因而测试能够帮助我们验证软件的质量满足用户需求的程度。通过分析错误产生的原因，我们可以发现当前开发工作中采用的软件过程的缺陷，以便进行软件过程改进。另外，通过对测试结果进行分析整理，我们还可以修正软件开发规则，并为软件可靠性分析提供依据。

软件测试始终服务于交付系统，一定要构建团队自己的质量文化，虽然在测试过程中我们仍在不断地发现系统中的缺陷，但这既是为了保障交付系统的质量而必须要做的工作，也是为了降低项目的交付风险而存在的必要活动。虽然软件测试是交付过程中必须存在的环节，但软件测试只能证明系统存在缺陷，而不能证明系统没有缺陷。因此，我们没有办法交付完全没有缺陷的系统。

每一次测试工作的开始都会受到项目工期、资源调配、预算开销等方面的约束，测试工作往往因为受到这些约束而不得不终止，这也正好符合软件测试原则（见图 1-2）之一："完全测试是不可能的，测试需要终止。"测试是不可能穷尽的，我们也不可能在测试过程中发现被测系统的全部缺陷。缺陷的发现成本会随着测试的不断投入而不断增加，而且我们也不可能无休止地测试下去，毕竟任何系统都有上线日期。要想在时间和资源有限的条件下实现更加完善的测试，能够按照某种测试用例设计方法设计一种覆盖度较为科学的测试用例来指导测试就显得尤为重要。测试的投入既要考虑工期、人力，也要考虑系统交付后的质量。越靠近测试后期，为发现错误所需付出的代价就会越大，因此，我们还要根据测试错误的概率以及软件可靠性要求，确定测试的最佳停止时间，毕竟我们不能无限地测试下去。

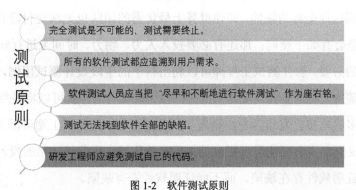

图 1-2 软件测试原则

所有的软件测试都应追溯到用户需求，因为软件的作用是使用户完成预定的任务并满足用户的需求，而软件测试揭示的缺陷和错误会使软件达不到用户的目标，或使用户需求得不到满足。所有的软件测试都应追溯到用户需求的原则也符合当前提倡的 ATDD（Acceptance Test-Driven Development，验收测试驱动开发）理念。ATDD 的实施一般是从需求开始的，当团队内部的产品经理、研发工程师和测试工程师围坐在一起讨论需求时，关于验收标准的讨论也就开始了，这样便于大家统一对每一个需求的理解和认知。接下来，自动化测试也好，手动测试也罢，在为每一个需求设计测试用例时，都需要更加注重对业务流程的正确性进行测试，这部分工作需要测试工程师独立完成，测试用例则由对业务需求最熟悉的人确认。然后研发工程师开始开发系统，这里推荐使用 TDD（Test-Driven Development，测试驱动开发）的实践方法完成测试。系统开发完之后，测试人员就可以利用前面设计的验收测试用例并补充异常用例完成测试了。ATDD 在敏捷团队中结合探索测试后更容易落地实现，但是对于传统测试团队来说，仅靠测试团队是完不成转变的。

软件测试人员应当把"尽早和不断地进行软件测试"作为座右铭，软件缺陷发现越早，修复成本越低。由于软件自身的复杂性和抽象性，软件在生命周期的各个阶段都可能产生错误，软件测试不应仅仅看作软件开发中某独立阶段要做的工作，而应贯穿到软件开发的各个阶段。在软件开发的需求分析和设计阶段，我们就应开始测试工作，编写相应的测试文档。同时，坚持在软件开发的各个阶段进行技术评审与验证，因为只有这样才能在软件开发过程中尽早发现和预防错误，杜绝某些缺陷和隐患，提高软件质量。只要测试工作在软件生命周期中开展足够早，就一定能够提高被测软件的质量，这也是预防性测试的基本原则。

测试无法找到软件全部的缺陷，即使世界上最优秀的团队也无法交付没有缺陷的软件。看到这里，您是不是会有如下疑问：那还有必要投入人力、物力、时间来进行软件测试吗？软件测试当然有存在的必要，软件测试工程师可以利用科学的手段设计测试用例，尽管没有办法达到完全的测试覆盖度，还是能够发现绝大部分的软件缺陷，这样就可以将最终用户在使用软件过程中遇到的很多缺陷提前发现并交由研发工程师修复。如果测试工期可以无限延长，那么对于同一个软件，我们将很有可能发现更多的缺陷，只是越往后发现缺陷的投入成本越高。也就是说，测试只能证明软件存在缺陷，而不能证明软件没有缺陷。

软件测试工程师角色现在已经逐渐从软件开发角色中分离出来，这样就可以避免研发工程师测试自己的代码，毕竟每个人都有思维惯性，研发工程师往往很难发现自己开发的软件中存在的问题，他们更希望由其他人检查软件的交付结果，从而保证所交付系统的质量。

1.4　从质量保障到质量效能

如今，DevOps 被不断地落地实践。从需求开发到项目上线交付的时间越来越短，制品过程也越来越短，工程生产率则不断提高，从代码的合并到构建交付，都是在 DevOps 流水线上完成的。在工程效能不断提升的前提下，DevOps 工具链发挥着至关重要的作用，但生产效率和质量效能之间产生了不可调和的矛盾——交付速度不断提高，手动测试阻碍了工程效能的提高。于是，质量效能的提升成了当前重中之重。

质量效能的提升并非一味地苛求测试工程师，而可以通过各种测试技术来实现。此外，我们还可以通过在流水线上建立质量门禁来提升交付系统的质量。质量门禁一般包含代码审查、单元测试、代码扫描、接口自动化测试、UI 自动化测试和业务功能验证。其中，除业务功能验证之外，提倡使用自动化测试技术手段来完成其他工作。测试技术虽然已在整个质量效能的提升上起到至关重要的作用，但仍然很难满足持续测试的需求。因此，测试平台化、测试服务化以及智能化测试得到了快速发展。

相对于测试自动化而言，测试平台化不仅能降低测试技术的使用门槛，而且能让不会使用或掌握不深入的测试工程师使用测试技术完成质量保障工作。这既简化了团队人员结构，也降低了人力成本，同时提高了团队的质量效能。伴随着中台进程、SaaS 化进程，测试平台化又逐渐发展成测试服务化。测试服务化是指伴随服务化的系统对外赋能，在把业务、技术能力通过服务化对外赋能的同时，提供对应的质量保障服务化能力，这既能够保障对外提供业务服务能力，又能保障业务服务能力的可靠性。

智能化测试的话题既新鲜又老旧。说新鲜，是因为很多人在听到智能化测试时会联想到人工智能、机器学习、深度学习等技术，很多时候我们觉得这些技术离自己的实际工作还很远；说老旧，是因为智能化测试涉及的一些技术在行业内已经存在很久了，例如符号执行、静态分析等技术已经有很长的发展历史。近年来，随着测试技术的飞速发展，智能化测试走到今天已经不再停留于学术领域，而是已经逐渐在很多团队中落地推行。这里面既有开源工具的落地引入和改造，也有自研（自行研发）的智能化测试工具的推行。但无论是哪一种，它们都对智能化测试的推广和发展起到不可或缺的作用。通过 AI 的方式驱动测试并通过算法减轻繁重的劳动，目前看来是比较行之有效的方法之一。

1.5　自动化测试

提升质量效能的根本方法仍是自动化测试，无论后续测试平台化、测试服务化、智能化测试如何发展，它们都是对自动化测试的延伸和扩展。自动化测试的快速发展不是一蹴而就的，随着被测系统越来越复杂、规模越来越庞大，测试的工作量也越来越大，人和测试生命周期之间的矛盾逐渐暴露出来。为了更加快速、有效、可靠地对软件进行测试，并提高被测系统的质量，测试工具和工具思维必然被引入测试工作中，自动化测试自然而然地被提上日程。

如今，自动化测试的相关技能大行其道。随便找一个招聘软件测试工程师的网站，看看职位描述，上面多多少少有一些自动化测试能力方面的要求。由此可以看出，自动化测试已经成为软件测试工程师的标配技能。自动化测试最主要的目的就是通过一些工具或代码，把以前需要手动进行的测试工作交给计算机来完成。自动化测试技术并不是平白无故产生的，这种技术是为了解决软件系统复杂度不断提升、软件工程规模不断变大与人工测试效率低下之间的矛盾而出现的。所谓自动化测试，就是通过测试工具、测试框架和测试代码，按照测试工程师预定的测试计划对软件产品进行的自动测试。自动化测试只是一种测试手段，而不是一种新的测试类型。利用自动化测试，可以将一些重复性的测试工作交给计算机来完成，因此也有人认为自动化测试是软件测试工程师"偷懒"的一种好办法。自动化测试可以替代大量重复的手动测试，从而提升测试效率。当前，我们习惯于将自动化测试分成 3 类，分别是单元测试、接口测试和界面测试，这就是著名的"测试金字塔模型"（见图 1-3）。通过使用测试分层策略，为系统建立不同抽象层次的自动化测试，并按照可测性、质量风险防控等因素采用不同的分层策略，明确各层的测试重点，使各层测试价值最大化，之后再通过各层不同的可测性、风险防控手段的间隙弥补，提高软件的可测性，降低质量风险，逐步改进并完善测试策略。

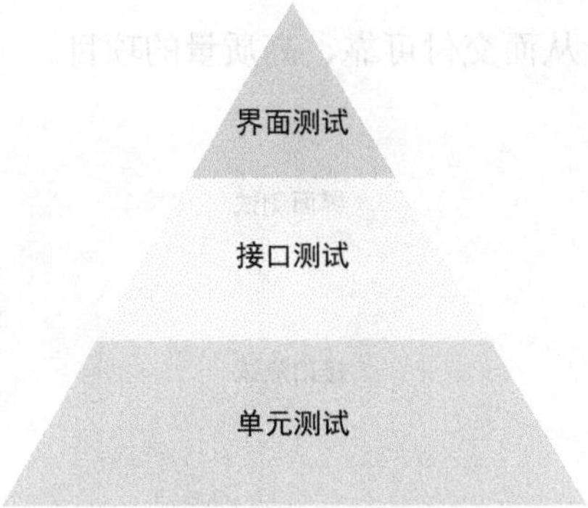

图 1-3　测试金字塔模型

在图 1-3 所示的测试金字塔模型中，对于界面测试、接口测试和单元测试来说，它们所占面积的大小代表了它们各自在测试过程中的投入和工作量占比。很明显，单元测试在测试过程中占绝大部分比重，这表示单元测试需要投入更多的时间和人力成本。根据测试金字塔模型，单元测试的投入最大，其次是接口测试，最后是界面测试。单元测试的投入大是"越早开始测试，修复缺陷的成本越小"这条理念最直接的落地实践，测试金字塔模型相对而言比较理想，对研发工程师、测试工程师的能力要求很高。有的读者可能会问："如果研发工程师从来不写单元测试，该怎么办？毕竟大部分开发人员不爱写测试。"

不可否认的是，研发工程师不仅很少写单元测试，而且很少能写出好的单元测试。很多时候，研发工程师会因为工期压力放弃单元测试。产品的交付质量更多是由测试工程师负责保障的，面对这种现状，测试工程师又该怎么办呢？

聪明的测试工程师会采用两种解决手段：一种是使用一些智能化框架补充单元测试工作（如果对智能化单元测试感兴趣，可以参考作者在 2019 年 TiD 质量竞争力大会上所做的演讲"自动的自动化测试——智能化一站式 API 测试服务"）；另一种则是加大自己主导的接口测试的工作投入比重，以弥补单元测试的不足，此时测试模型就会从金字塔模型逐渐演变成菱形模型（见图 1-4）。

测试模型之所以发生从"金字塔模型"到"菱形模型"这种变化，并不是有人想要刻意提高测试工程师在整个交付流程中的地位，而是随着工作的不断推进逐渐形成的结果。在质量保障过程中，测试工程师会不断增大接口测试的测试深度和测试广度，并往下逐渐覆盖一些公共接口的单元测试内容，而往上逐渐覆盖本应由 UI 层保障的业务逻辑测试，这么做主要就是为了更好地完成质量保障工作，从而交付可靠、高质量的项目。

图 1-4　测试菱形模型

因此，从接口测试这一环节开始，测试工程师便成了质量保障工作的主要推动者，接口测试也变得更重要。那么，接口测试到底有什么好处和优势呢？下面从 3 个角度进行分析。

- ❑　接口测试更容易和其他自动化系统相结合。

- ❑　相对于界面测试，接口测试不仅可以更早开始，而且可以延伸到一些通过界面测试无法测试的范围，接口测试使"测试更早投入"的理念变成了现实。

- ❑　接口测试可以保障系统的鲁棒性，使被测系统更健壮。

1.6　接口

如果想要知道接口测试具体在测试什么，那么首先就要知道接口是什么。下面我们使用现实生活中的一个例子，解释接口的含义。

以麦当劳的订单准备过程为例。假设小明下了一个包含汉堡和薯条的订单。订单上有汉堡，因此工作人员会首先找到汉堡的原材料，如面包片、肉饼和生菜等，然后按照规定的步骤，将这些原材料组合成汉堡，最后交给小明。工作人员发现订单上还有薯条，于是进入另一个工作流程——找到薯条的原材料和炸薯条的锅，把薯条炸好后，送到小明面前。

在上面的例子中，汉堡以及薯条的原材料就是接口的入参，也就是接口的特定输入；制作汉堡或炸薯条的过程，就是接口内部的处理逻辑；送到小明面前的汉堡和薯条，就是接口的处理结果和特定输出，也就是返回参数。

由此可以看出，接口就是包含特定输入和特定输出的一套逻辑处理单元，用户无须知晓接口的内部实现逻辑，这也可以称为接口的黑盒处理逻辑。从上面的例子中我们还可以看到，因为服务对象不同，接口又可分为两种：一种是系统或服务的内部接口，另一种是外部接口。

1.6.1　内部接口

简单来说，内部接口就是系统内部调用的接口。在上面的例子中，内部接口有两个。

❑ 订单。麦当劳的工作人员在接到小明的订单后，输入汉堡和薯条的原材料，将汉堡和薯条做好后，便将它们放到后厨和前台之间的中间储物柜里。

❑ 中间储物柜。麦当劳的工作人员从中间储物柜里拿出做好的汉堡和薯条，送到小明面前。

在软件系统中，内部接口又是怎么一回事呢？其实，当我们在网上购物时，需要首先登录系统，然后将商品加入购物车，最后支付订单。从添加商品到购物车，再到支付订单，其间的相关工作就是通过内部接口来完成的。

1.6.2　外部接口

前面介绍了内部接口，那么什么是外部接口呢？其实，外部接口是相对于内部接口而言的。在上面的例子中，小明在麦当劳点餐的场景就是外部接口，这个外部接口可以分为两部分。

❑ 出订单前，小明的点餐过程。这个外部接口的特定输入就是小明在点餐时，告诉服务员具体要点的汉堡和薯条，它们相当于小明输入给麦当劳的参数。

❑ 出订单后，工作人员送餐的过程。这个外部接口的特定输出就是工作人员送到小明面前的汉堡和薯条，它们相当于麦当劳返回给小明的处理结果。

那么在软件系统中,外部接口又是怎么一回事呢?我们把商品添加到购物车中后单击"付款"按钮时,页面会跳转到支付系统,等完成支付流程后,则会跳转回订单页,其间就涉及系统对外依赖的接口,比如付款过程中的支付接口、配送过程中的物流接口等。

下面我们总结一下接口的本质。接口其实就是一种契约,并采用以下这种形式:在开发前期约定接口会接收什么数据以及处理结束后又会返回什么数据。如果调用方和被调用方都遵从这种契约,就可以达到共同开发的目的,开发完成后,可通过联调达成系统逻辑的预期,从而提高研发效能。

1.7　接口测试

以麦当劳为小明制作汉堡为例,接口测试其实就是验证制作汉堡的过程是否正确。这里所说的"正确"有两方面的含义。

- ❑　验证输入的汉堡原材料在经过汉堡的制作流程后,交付给小明的是汉堡。

- ❑　验证在输入的汉堡原材料不对或不全的情况下,在经过汉堡的制作流程后,无法向小明交付汉堡。

注意,上述两方面验证都要进行。对于测试工程师来说,这两种流程都是正向流程。读者只有具备了这种思维,才能让自己走出客户思维,形成测试工程师思维。测试工程师在工作中能够接触到各式各样的接口,比如 HTTP 的接口、RESTful 格式的接口、Web 服务的接口、RPC 协议的接口等。其实,无论是哪一种形式的接口,它们都通过某种传输协议来实现客户端和服务器端之间的数据传递。

假设正在测试的是 Web 端的极客时间,那么客户端就是浏览器,服务器端则是 Web 服务,浏览器和 Web 服务之间是通过 HTTP 传输数据的。

假设正在测试的是移动端的极客时间,那么客户端就是测试设备上安装的极客时间应用,服务器端则是 RESTful 格式的接口服务,极客时间应用和 RESTful 格式的接口服务之间是通过 JSON 格式来传递数据的。

我们由此可以看出接口测试的本质：接口测试其实就是模拟调用方（如客户端），通过接口通信来检测被测接口的正确性和容错性。但是，这里所说的模拟调用方并不是让测试工程师开发浏览器或极客时间应用，而是让测试工程师模拟这些客户端的前端逻辑并调用服务器端提供的接口，这项工作完全可以通过借助一些工具或代码来完成。后面我们在完成一些工作或任务的过程中，会对这些工具进行详细的讲解，并重点从应用的角度讲解哪些工具能够解决哪些问题，以及用什么样的代码可以解决什么样的问题等。工具和代码并不是互斥的，而是相互依存、不可分割的关系。其实，接口测试和业务测试工程师熟悉的业务测试一样，关注的都是输入和预期是否一致，尤其是当输入数据中含有一些非法输入时，接口的处理和逻辑控制是否合理，这些都可以通过接口的返回值来判定。此外，一些小概率逻辑的处理也是测试工程师设计输入的关注重点，比如代码中的一些异常情况，同样要想办法通过输入参数来触发这种逻辑分支，并通过返回值来判定对应接口内部实现的处理逻辑是否合理和健壮。这样看来，接口测试对于任何测试工程师来说都并非全新的工作内容，但话虽如此，接口测试仍有自身的特别之处。

在测试手段上，接口测试是技术驱动和业务驱动双管齐下的工作（界面测试是以业务驱动为主的工作），因此需要借助一定的工具来完成。用到的既有可能是成熟的工具，也有可能是测试工程师编写的代码。因此，测试技术在接口测试阶段会变得和业务知识一样重要。

在工作范围上，接口测试影响的范围要更广一些。接口测试不仅会覆盖一部分单元测试的内容，而且会覆盖一部分业务测试的内容。但是，无论哪些测试内容被接口测试覆盖，对应部分的工作投入其实都减少了。

1.8 小结

本章结合小明去麦当劳点餐的例子，讲述了接口为什么重要、接口是什么以及接口测试都测试些什么。此外，本章还分析了接口测试和业务测试的区别与联系——"相互依存，不可分割"。本章要点如下。

- ❑ 接口测试是通过设计输入和预期输出来完成测试验证的,业务测试工程师之前掌握的测试用例设计方法等测试基本功,在这里仍有用武之地。

- ❑ 接口测试是需要将技术知识和业务知识相结合的一项工作,接口测试可以更好地提升测试工程师的技术实力。

- ❑ 接口测试是功能测试,接口测试和界面测试的不同之处仅仅在于和测试工程师交互的不再是研发工程师设计的界面,而是测试工具或代码。

第 2 章　为接口测试储备技术

2.1　接口测试都是以网络协议为基础的

接口测试都是在某种网络传输协议之上完成的，因此在开始接口测试实践之前，我们需要先掌握网络协议的相关知识。

计算机硬件需要靠操作系统的管理才能集体发挥作用。操作系统是管理和控制计算机硬件与软件如何进行资源分配的计算机程序，并且也是直接运行在硬件之上的基本的软件系统，所有的软件系统都运行在操作系统之下。但是，硬件设备在安装完操作系统后只能各自独立运行，它们之间无法相互连接并传递信息，于是产生了一系列的网络协议来帮助计算机相互进行通信。

这就类似于为什么我国要推广普通话一样。我们国家地大物博，人口众多但分布极不均衡，讲不同方言的人在一起很难沟通交流，为了促进不同民族和地区之间经济、文化的交流，我国下了大力气来推广普通话，普通话相当于中国人的通用交流协议。由于计算机硬件有不同的架构（这里是指 CPU 架构，目前主要包含 ARM 架构、x86 系列架构、MIPS 系列架构、PowerPC 系列架构等），因此运行在不同硬件条件下的操作系统也是不同的。运行于不同硬件条件下的操作系统就像使用不同方言的人，这些硬件要相互交流，就必须统一遵守类似于普通话的通信机制，这就是网络协议。

当前，用来设计和描述计算机网络通信的基本框架有两种，它们分别是 OSI 七层模型和

TCP/IP 四层模型。

2.1.1　OSI 七层模型

OSI（Open System Interconnection，开放式系统互连）七层模型又称 OSI 七层参考模型，它是 ISO（International Organization for Standardization，国际标准化组织）在 1985 年研究制定的网络互联规范。ISO 推荐所有公司都使用这一规范来控制网络，这样所有公司就能互连了。顾名思义，OSI 七层模型将网络通信从上到下分为 7 层——应用层、表示层、会话层、传输层、网络层、数据链路层和物理层。其中，应用层、表示层、会话层、传输层是高层，它们定义了程序的功能；而网络层、数据链路层、物理层是低层，它们主要处理网络的端到端数据流。图 2-1 展示了 OSI 七层模型并对各层做了解释。

图 2-1　OSI 七层模型

应用层（application layer）在 OSI 七层模型中最接近用户，并且也是 OSI 七层模型中唯一直接与用户数据接触的层，软件应用都是依靠应用层发起通信的。但这里需要强调的是，客户端软件应用不属于应用层。应用层负责为应用程序提供网络服务，并为用户呈现有限的数据，如图 2-2 所示。应用层包含的协议有 HTTP、TFTP、FTP、NFS、WAIS、SMTP 等。

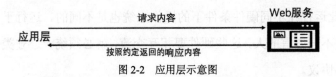

图 2-2　应用层示意图

应用层提供了很多特定的应用服务，包括文件的传输、访问和管理以及电子文电处理、虚拟终端协议等。

表示层（presentation layer）主要负责为应用层准备数据，具体包括数据的格式转换、加密、压缩等，如图 2-3 所示。例如，两台相互通信的主机的编码是不同的，而表示层就负责将传入的数据转换成接收设备的应用层需要的编码。另外，如果设备之间采用了加密传输，那么数据传输的加密/解密也是由表示层完成的。表示层还会将处理完的数据传输给应用层。表示层相当于应用程序和网络的翻译官，数据在表示层会按照网络能够支持和理解的方案进行格式化，这种格式化会因网络类型的不同而不同。例如，当我们在网络上查询银行账户时，使用的就是一种安全连接，账户数据在发送前将被加密，而在网络的另一端，表示层则会对接收到的数据进行解密。除加密/解密数据之外，使用表示层协议还可以对图片和文件的格式信息进行编码/解码。表示层包含的协议有 Telnet、Rlogin、SNMP、Gopher 等。

数据　加密/解密　压缩/解压　数据
图 2-3　表示层示意图

会话层（session layer）主要负责建立、管理和终止两台设备之间的通信，如图 2-4 所示。通信打开与关闭之间的时间称为会话。会话层用于确保会话保持打开的时间足以传输所有交换数据，而后立即关闭会话以免浪费资源。会话层依赖传输层建立的数据传输通道，不仅在网络中的节点之间建立、维持和终止通信，还负责同步一些数据传输的检查点。假设要传输一个 1024KB 大小的文件，会话层会每隔 64KB 数据设置一个检查点。如果在传输 512KB 数据后连接断开或崩溃，那么可以从最后一个检查点恢复会话，因而只需要再传输 512KB 数据。但如果没有设置检查点，则必须从头开始传输整个文件。会话层也因此经常被比喻成网络通信中的交通警察。当通过拨号向 ISP（Internet Service Provider，因特网服务提供方）请求连接到互联网时，ISP 服务器上的会话层便会与客户端的会话层协商进行连接。当客户端的电话线从墙上的插孔脱落时，会话层能够检测到连接中断并重新发起连接。会话层主要通过决定节点通信的优先级和通信时间的长短来设置通信期限。

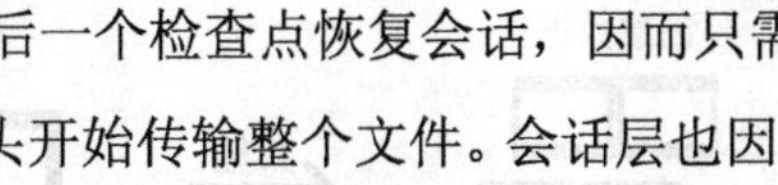

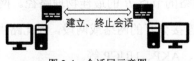

建立、终止会话
图 2-4　会话层示意图

传输层（transport layer）主要负责两台设备之间的端到端通信、定义数据传输的协议端口号以及进行流控（流量控制）和差错校验，如图 2-5 所示。传输层首先从会话层提取数据，然后将数据分解为多个区块（称为数据段），最后将这些数据段发送到下一层。接收设备的传输层则负责重组数据段，确保数据可供会话层使用。传输层包含的协议有 TCP、UDP 等。

图 2-5 传输层示意图

数据包一旦离开网卡，就会进入传输层。传输层会对接收的数据进行分段和传输，等到达目的地址后再对数据进行重组。在流控方面，传输层能够通过确定最佳传输速度，避免采用快速连接的发送方压垮采用慢速连接的接收方。在差错校验方面，传输层能通过确保所接收数据的完整性（如果数据不完整，就请求重新传输）来对接收端进行错误控制。

网络层（network layer）主要负责促使两个不同的网络相互进行数据传输，网络层通过逻辑地址寻址实现了不同地域的网络中两个主机系统之间的链接和路径选择，如图 2-6 所示。如果相互通信的两台设备在同一网络中，那就不需要网络层了。网络层最主要的功能是将网络地址翻译成对应的物理地址，并决定如何将数据从发送方路由到接收方。网络层首先在发送设备上将传输层发出的数据段分解成更小的单元（称为数据包），然后在接收设备上重组这些数据包。网络层还负责确定数据到达目的地所需的最佳物理路径（又称为路由）。

图 2-6 网络层示意图

网络层通过综合考虑发送优先权、网络拥塞程度、服务质量以及可选路由的花费来决定从一个网络的节点 A 到另一个网络的节点 B 的最佳物理路径。网络层负责处理并智能地指导数据传送，由于路由器主要用于连接分开的网络或网段，因此路由器属于网络层设备。网络层协议有 IP、ICMP、ARP、RARP、AKP、UUCP 等。

数据链路层（data link layer）要做的工作类似于网络层。数据链路层首先从网络层提取数据包，然后将数据划分成更小的数据组成单元（称为数据帧，或简称帧），最后通过差错控制实现数据帧在信道中的无差错传输，如图 2-7 所示。数据的可靠传输是通过错误检测和纠正机制来保证的。数据帧是用来移动数据的结构包，其中不仅包括原始数据，而且包括发送方和接收方的物理地址以及纠错和控制信息。接收方的物理地址决定了数据帧将被发送到何处，纠错和控制信息则确保了数据帧能够无差错地到达接收方。在传送数据时，接收点如果检测到所传数据中有差错，就会通知发送方重发这一帧。数据链路层的主要作用是进行物理地址寻址、流量控制以及数据的成帧、检错、重发等。

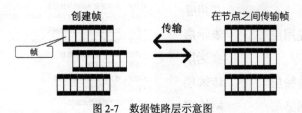

图 2-7　数据链路层示意图

物理层（physical layer）负责将数据转换为比特流，也就是由 1 和 0 构成的字符串，如图 2-8 所示。注意，两台设备的物理层必须达成信号约定，以便区分这两台设备的比特流。物理层包含了参与数据传输的物理设备，如电缆和交换机。

图 2-8　物理层示意图

2.1.2　TCP/IP 四层模型

TCP/IP 四层模型又称为因特网分层模型（Internet Layering Model）、因特网参考模型（Internet Reference Model）等。顾名思义，TCP/IP 四层模型将网络通信从上到下分为 4 层，分别是应用层、传输层、网络层和数据链路层，如图 2-9 所示。其中，应用层负责支持用户提供应用服务的通信活动，应用层直接作用于操作系统，负责用户会话管理、数据加密/解密、为应用程序提供数据等。从图 2-9 所示的 TCP/IP 四层模型与 OSI 七层模型的对应关系不难看出，

TCP/IP 四层模型的应用层承担了 OSI 七层模型的应用层、表示层、会话层的功能；传输层的作用是为应用程序提供端对端通信的"错觉"，相当于为应用程序隐藏数据包跳转的细节，主要负责数据包的收发、链路超时重连等；网络层主要负责网络节点的选择、确定两台主机间的通信，以及屏蔽不同网络之间的差异以完成主机间数据的传输；数据链路层则对应 OSI 七层模型的数据链路层和物理层，主要负责实现网卡接口的网络驱动程序以及处理数据在以太网线等物理媒介上的传输，网络驱动程序隐藏了不同物理网络的不同电气特性，从而为上层协议提供了统一的接口。

图 2-9 TCP/IP 四层模型和 OSI 七层模型的对应关系

通过对比 OSI 七层模型和 TCP/IP 四层模型可以看出，OSI 引入了服务、接口、协议、分层的理念，TCP/IP 也借鉴这些理念并构建自己的四层模型。OSI 七层模型是一种理论模型，而 TCP/IP 四层模型是已得到广泛应用的互联网标准。

2.2 HTTP/HTTPS

HTTP（HyperText Transfer Protocol，超文本传输协议）是应用层协议（无论是 OSI 七层模型还是 TCP/IP 四层模型，HTTP 都属于应用层协议），HTTPS（HyperText Transfer Protocol Secure，超文本传输安全协议）则是 HTTP 的安全保护版本。HTTPS 是 HTTP 和 SSL 的结合体，HTTPS 的安全基础是 SSL（Secure Socket Layer，安全套接字层），SLL 是用来为网络通信提供安全及数据完整性的一种安全协议。因此，在协议的传输和使用方面，HTTP 和 HTTPS

对于测试工程师而言没有区别。下面以 HTTP 为例（HTTPS 也一样，这里不再赘述）进行讲解。HTTP 是一种无状态、无连接的协议。

❑ 无状态是指对于事务处理没有记忆能力。

❑ 无连接是指在客户端和服务器交互的过程中，一次交互只能处理一个请求。

在一次 HTTP 交互过程中，客户端需要告诉服务器这是一个什么样的 HTTP 请求，从而指明对此次请求中消息格式的具体要求，如代码清单 2-1 所示。

代码清单 2-1

```
1    # 首行开始标记 #
2    GET http://criss.net/ HTTP/1.1
3    #首行结束标记#
4    #HTTP 头开始标记#
5    Host: criss.net
6    Connection: keep-alive
7    Upgrade-Insecure-Requests: 1
8    User-Agent: Mozilla/5.0 (Windows NT 6.1) AppleWebKit/537.36 (KHTML, like Gecko)
     Chrome/68.0.3440.106 Safari/537.36
9    Accept: text/html,application/xhtml+xml,application/xml;q=0.9,image/webp, image/apng,
     */*;q=0.8
10   Accept-Encoding: gzip, deflate
11   Accept-Language: zh-CN,zh;q=0.9,en;q=0.8,la;q=0.7,ja;q=0.6
12   Cookie: pgv_pvi=6676973568
13   #HTTP 头结束标记#
14   #接下来如果有内容，那么它们就是正文#
```

从代码清单 2-1 中可以看出，HTTP 请求由首行、HTTP 头（header）和正文（body）3 部分组成。首行指明了 HTTP 的请求方法，可以是 GET、POST、PUT、DELETE、OPTIONS、HEADER 等方法。我们在日常工作中最常用到的是 GET 和 POST 方法。

GET 方法用于从服务器端获取资源，其参数是在 URL 中发送出去的。测试工程师需要了解 GET 请求的如下特点。

- □   GET 请求可被缓存。

- □   GET 请求保留在浏览器的历史记录中。

- □   GET 请求可被收藏为书签。

- □   GET 请求不应在处理敏感数据时使用。

- □   GET 请求有长度限制（现实情况是对 URL 长度而非参数长度有约束）。

- □   GET 请求只应当用于取回数据。

POST 方法用于向指定的资源提交数据并请求处理。测试工程师需要了解 POST 请求的如下特点。

- □   POST 请求不会被缓存。

- □   POST 请求不会保留在浏览器的历史记录中。

- □   POST 请求不能被收藏为书签。

- □   POST 请求对数据长度没有要求。

2.2.1   HTTP 状态码

在基于 HTTP 的交互过程中，客户端会发送一个请求到服务器端，服务器端在正确处理完这个请求后，就会返回一个响应。这个响应除包含 HTTP 的头信息和正文信息之外，还包含一个状态码。这个状态码由 3 位数字代码组成，用来表示服务器端的响应状态。下面我们对常见的几个 HTTP 状态码做详细介绍，其他 HTTP 状态码的详细说明参见附录 A。

1. 20X 状态码

在 HTTP 中，20X 状态码表示请求成功。其中，200 状态码最常见，表示服务器端不但正确处理了客户端发来的请求，而且返回了对应的业务逻辑的处理结果。200 状态码会随响应头一起返回。以访问异步社区首页为例，返回的消息中就包含了 200 状态码，部分返回信息如代码清单 2-2 所示。

代码清单 2-2

```
1   HTTP/1.1 200 OK
2   Server: nginx
3   Date: Mon, 05 Aug 2021 06:19:50 GMT
4   Content-Type: text/html; charset=UTF-8
5   Content-Length: 53396
6   Vary: Accept-Encoding
7   Content-Encoding: gzip
8   X-Varnish: 162744357 169956988
9   Age: 14
10  Via: 1.1 varnish (Varnish/6.0)
11  X-Cache: HIT from CS42
12  Accept-Ranges: bytes
13  Connection: keep-alive
```

其他常见的 20X 状态码如下。

❑ 201 状态码：表示请求已经实现。

❑ 202 状态码：表示请求虽然已被接收但尚未处理。

❑ 204 状态码：表示虽然服务器成功处理了请求，但未返回任何内容。

2. 30X 状态码

在 HTTP 中，30X 状态码表示重定向。如果我们以未登录状态访问异步社区的历史订单功能，那么网站就会将请求重定向到登录页，并返回 302 状态码来表示临时移动。302 状态码的响应代码段如代码清单 2-3 所示。

代码清单 2-3

```
1   HTTP/1.1 302 Moved Temporarily
2   Server: nginx
3   Date: Mon, 05 Aug 2021 06:18:29 GMT
4   Content-Type: text/html
```

```
5    Content-Length: 154
6    Location: https://www.epubit.com/user/order/myOrder
7    Proxy-Connection: keep-alive
```

除 302 状态码外，其他常见的 30X 状态码如下。

❑ 301 状态码：表示永久移动，此时用户访问的资源已被永久移到新的 URI（Uniform Resource Identifier，统一资源标识符）。URI 是一个字符串，用于标识某互联网资源的名称。

❑ 304 状态码：表示请求的资源未发生修改。

3. 40X 状态码

在 HTTP 中，40X 状态码表示请求错误，其中的“X”表示具体的错误类型。常见的几种错误如下。

❑ 400 Bad Request：一种十分常见的语义错误，400 状态码表示当前请求无法被服务器理解，这通常是客户端请求中存在语法错误引起的，并且绝大部分是请求参数有问题导致的。

❑ 401 Unauthorized：表示此次请求需要登录信息，这也是服务器针对客户端访问权限的常见的鉴定方式和友好的处理方法。

❑ 403 Forbidden：表示服务器虽然理解客户端请求但拒绝执行，客户端请求被服务器拒绝的很多情况是客户端没有访问权限导致的。

❑ 404 Not Found：表示测试服务器无法根据客户端请求找到对应的 URI，网站的设计人员通常可以设置自己的 404 页面，从而向用户呈现更加友好的交互体验。

4. 50X 状态码

在 HTTP 中，50X 状态码表示服务器错误。常见的几种错误如下。

❑ 500 Internal Server Error：表示服务器遇到一个不知道该如何解决的问题，导致没有办法处理对应的客户端请求。这种情况通常是服务器内部存在逻辑问题导致的。

❑ 503 Service Unavailable：表示服务器暂时无法对外提供服务，这种情况很多时候是系统维护或服务器负载太高，进而无法处理客户端请求导致的。

2.2.2 HTTP 头

HTTP 头信息是测试人员更应该关注的内容，因为在测试过程中，头信息中包含了很多关于请求的限制，而正文信息是我们自己定义的内容，只需要了解业务逻辑就可以比较容易地写出。下面我们以访问异步社区为例，具体讲解一下 HTTP 头信息中都有哪些内容。

1. 请求的头信息

访问异步社区 www.epubit.com，请求的头信息如代码清单 2-4 所示。

代码清单 2-4

```
1   Connection: keep-alive
2   Accept: application/json, text/javascript, */*; q=0.01
3   X-Requested-With: XMLHttpRequest
4   User-Agent: Mozilla/5.0 (Macintosh; Intel Mac OS X 10_14_5) AppleWebKit/537.36
    (KHTML, like Gecko) Chrome/75.0.3770.142 Safari/537.36
5   Referer: https://www.epubit.com/
6   Accept-Encoding: gzip, deflate, br
7   Accept-Language: zh-CN,zh;q=0.9,en;q=0.8,la;q=0.7,ja;q=0.6
8   Cookie:
```

在上面的代码中，关键选项的含义如下。

❑ Connection：表示是否需要持久连接（HTTP 1.1 默认会进行持久连接）。keep-alive 表示使客户端到服务器的连接持续有效，这样当出现对服务器的后继请求时，便可以避免建立或重新建立连接。

❑ Accept：指定客户端能够接收的内容的类型。

❑ X-Requested-With：指定请求是 Ajax 请求还是普通请求。

❑ User-Agent：发出请求的用户信息。

❑　Referer：所要访问的网址。

❑　Accept-Encoding：指定浏览器可以支持的 Web 服务器所返回内容的压缩编码类型。

❑　Accept-Language：指定浏览器可以支持的语言。

❑　Cookie：当发送请求时，客户端会把保存在请求域名下的所有 Cookie 一起发送给 Web
　　服务器（上述代码段省略了截获的 Cookie）。

2. 响应的头信息

访问异步社区 www.epubit.com 后，响应的头信息如代码清单 2-5 所示。

代码清单 2-5

```
1    Server: nginx
2    Date: Mon, 05 Aug 2019 07:07:11 GMT
3    Content-Type: application/json
4    Content-Length: 3814
5    Age: 88
6    Via: 1.1 varnish (Varnish/6.0)
7    Accept-Ranges: bytes
```

在上面的代码中，关键选项的含义如下。

❑　Server：Web 服务器软件的名称，这里是 nginx。

❑　Date：原始服务器消息发出的时间。

❑　Content-Type：所返回内容的 MIME 类型，用于告诉浏览器以什么形式、什么编码读
　　取这个文件。

❑　Content-Length：所返回内容的长度。在一次传输中，Content-Length 如果存在且有效
　　的话，则必须与消息内容的传输长度完全一致。

❑　Age：从原始服务器到代理缓存形成的估算时间（以秒计，为非负值）。

❑　Via：用于告诉代理客户端响应是从哪里发送的。

❑ Accept-Ranges：用于指明服务器是否支持指定范围内的请求以及支持哪种类型的分段请求。

2.3 Web 服务器 Tomcat

要想和 HTTP 打交道，就需要有 Web 服务器，这样才可以通过测试客户端或浏览器访问对应的服务，并基于 HTTP 开始完成一些业务逻辑的交互，从而验证测试用例是否通过。

Tomcat 是提供 Web 容器的公共软件，对于测试工程师而言，既不需要掌握 Tomcat 的运行原理，也不需要弄清楚 Servlet 在 Tomcat 中是如何运行的，他们只需要能够部署和配置 Tomcat 就可以了。我们与 Tomcat 的最直接接触就是在做接口测试时，测试是通过使用 HTTP 客户端模拟与 Tomcat 服务器发生通信来完成的。

从图 2-10 中可以看出，测试机通过 HTTP 客户端（HTTP 客户端既有可能是浏览器，也有可能是像 Postman 这样的测试工具）发送请求给 Tomcat，Tomcat 在进行识别后，判断此次访问的是哪一个 Servlet，然后通过这个 Servlet 调用服务，最后通过 DAO（Data Access Object）层访问数据库。

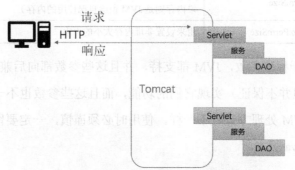

图 2-10 HTTP 客户端与 Tomcat 服务器的通信过程

一切准备就绪后，如何配置并启动 Tomcat 呢？Tomcat 的配置和启动参数保存在一个名为 catalina 的文件（在 Linux 操作系统中是 catalina.sh 文件，在 Windows 操作系统中是 catalina.bat 文件）中。打开对应的文件，向其中添加 Tomcat 的配置参数，如代码清单 2-6 所示（对于 Linux 操作系统，需要在代码的前面添加 export；对于 Windows 操作系统，需要在代码的前面添加 set）。

代码清单 2-6

```
JAVA_OPTS='-Xms2048m -Xmx2048m -XX:PermSize=256m -XX:MaxPermSize=256m  server'
```

作为一名测试工程师，您必须能够看懂这些配置的含义，这样在审查代码的时候，就可以快速辨别这些配置有没有问题。另外，在性能测试过程中，如果发现存在性能问题，就第一时间判断这些参数的配置是否可以调整。关于 JAVA_OPTS 配置，测试工程师必须了解的参数如表 2-1 所示。

表 2-1　JAVA_OPTS 配置中的参数

参数类型	参数	说明
-（表示标准参数）	-server	JVM（Java Virtual Machine，Java 虚拟机）以服务器模式启动，这种模式虽然启动慢，但是运行起来效率很高
	-client	JVM 以客户端模式启动，这种模式虽然启动速度快，但是运行起来效率不高，在进行本地调试时适合使用这种模式
-X（表示非标准参数）	-Xms	用来设置 Java 堆的初始值（使用中的最小内存），Java 堆是由全部线程共享的一块内存区域，几乎全部对象或实例都会从 Java 堆中分配内存
	-Xmx	用来设置 Java 堆的最大值（使用中的最大内存）
-XX（表示非平稳参数）	-XX:NewSize	用来设置内存的新生区域（用于存放新生对象）的大小
	-XX:MaxNewSize	用来设置内存的新生区域大小的上限
	-XX:PermSize	用来设置非堆内存的初始大小（堆内存是 Java 代码可以使用的内存，非堆内存则是 JVM 留给自己使用的内存）
	-XX:MaxPermSize	用来设置非堆内存大小的上限

在表 2-1 中，对于标准参数，JVM 都支持，并且这些参数都向后兼容；对于非标准参数，JVM 默认有可能（但并不保证）实现它们的功能，而且这些参数也不一定向后兼容；对于非平稳参数，不同的 JVM 处理方式也不一样，使用时必须谨慎，一定要留意开发环境、测试环境、生产环境中的 Java 版本。

2.4　小结

本章介绍了 OSI 七层模型、TCP/IP 四层模型、HTTP/HTTPS，以及 Web 服务器 Tomcat。这些是测试人员应该掌握的基础知识。

第3章 着手准备接口测试

根据隐式接口定律，只要一个 API 有足够的用户，那么无论在接口契约中承诺什么，系统的所有可观测行为都将会被某个用户所依赖。在当今这个微服务爆炸的时代，接口测试成了质量保障的重中之重。接口测试和 UI 测试最大的区别就在于：在 UI 测试阶段，研发工程师就已经准备好了交互方式，测试工程师只需要理解测试业务逻辑，然后使用系统提供的交互 UI 完成业务逻辑的检验即可；但是在接口测试阶段，研发工程师提供的是一个个接口，并且其中的每一个接口都有各自的输入/输出约束，此时测试工程师如何和这些接口打交道呢？他们需要使用一系列的测试工具或测试代码。俗话说，"工欲善其事，必先利其器"，本章旨在让读者熟悉这些常用的测试工具。

3.1 抓包工具 Fiddler

在功能测试过程中，很多时候，我们需要查看客户端和服务器的交互情况，这离不开抓包[①]工具。SUT（Software Under Test，被测系统）无论是 Web 端的还是 App 端的，在业务执行过程中都会有抓包需求。

在目前主流的 HTTP/HTTPS 抓包工具中，Fiddler 和 Charles 很常用。其中，Fiddler 在 Windows 端占据主流，Charles 则在 macOS 端占据主流（尽管 Charles 受制于本身是商业软件）。

[①] 抓包是指对网络传输中发送与接收的数据包进行截获、重发、编辑、转存等，除用于检查网络安全之外，抓包还经常用于进行数据截取等。

最近，Fiddler Everywhere 版本的推出，弥补了之前 Fiddler 在 macOS 端的不足。Fiddler Everywhere 版本的下载地址参见 Telerik 网站，因为 Fiddler Everywhere 版本更新实在太快，所以这里都以经典的 Fiddler 版本为例，它们在功能上几乎一致，只是部分 UI 发生了变化。下载后，按照提示，依次单击"下一步"按钮即可完成安装。

3.1.1　Fiddler 的使用技巧

Fiddler 是通过代理的方式进行抓包的。Fiddler 在运行时会在本地建立代理服务，默认 IP 地址为 127.0.0.1:8888。当浏览器与将要访问的网页发生交互时，请求和响应都会经由 Fiddler 的代理。此时，我们就可以截获全部的访问信息流。

Fiddler 会在启动后自动设置代理，并在退出的时候自动注销代理，这样就不会影响其他程序了。如果 Fiddler 非正常退出，那么 Fiddler 的代理将无法自动注销，这会造成网页无法访问。解决方法是重新启动 Fiddler。

1. 工具栏

Fiddler 的工具栏如图 3-1 所示。其中的图标的功能主要与注释、重新请求、删除会话、继续执行、流模式/缓冲模式、解码、保留会话、监控指定进程、查找会话、保存会话、切图、计时、打开浏览器、清除 IE 缓存、编码/解码工具、弹出监控面板、MSDN 等有关。

图 3-1　Fiddler 的工具栏

流模式和缓冲模式的区别如下。

❑ 在流模式（streaming mode）下，Fiddler 会即时将 HTTP 响应数据返回给应用程序，因而我们可以得到更接近真实浏览器的性能。在流模式下，时序图更准确，但是响应无法控制。

❑ 在缓冲模式（buffering mode）下，Fiddler 直到 HTTP 响应完之后才会将响应数据返回给应用程序。在缓冲模式下，我们可以控制响应并修改响应数据，但时序图有时会出现异常。

2. 会话面板

会话面板主要用于展示截获的 HTTP 消息，如图 3-2 所示。

#	Result	Protocol	Host	URL	Body	Caching	Content-Type	Process
🔒 35	200	HTTP	Tunnel to	clients4.google.com:443	0			chrome..
🔒 36	200	HTTP	Tunnel to	safebrowsing.googleapis....	0			chrome..
🔽 37	302	HTTP	config.pinyin.sogou...	/picface/interface/get_pic...	5		text/html; c...	sgpicfa..
📄 38	200	HTTP	cdn1.ime.sogou...	/yun_pack_zb/yun_3eeb1...	12,193	max-ag...	application/...	sgpicfa..
📄 39	200	HTTP	client.show.qq.com	/cgi-bin/qqshow_user_pro...	78	max-ag...	text/xml; c...	qqexte..
🔒 40	200	HTTP	Tunnel to	update.googleapis.com:443	0			chrome..
📄 41	200	HTTPS	update.googleapis....	/service/update2?cup2ke...	785	no-cac...	text/xml; c...	chrome..
📄 42	200	HTTP	client.show.qq.com	/cgi-bin/qqshow_user_pro...	78	max-ag...	text/xml; c...	qqexte..
📄 43	200	HTTP	client.show.qq.com	/cgi-bin/qqshow_user_pro...	78	max-ag...	text/xml; c...	qqexte..
◀▶ 44	200	HTTP	c.isdspeed.qq.com	/code.cgi?type=1&time=1...	0		text/html	qqexte..
📄 45	200	HTTP	pinghot.qq.com	/pingd?dm=show.qq.com...	0			qqexte..
🔒 46	200	HTTP	Tunnel to	plogin.m.jd.com:443	0			chrome..
◀▶ 47	200	HTTPS	plogin.m.jd.com	/user/login.action?appid=...	5,816		text/html; c...	chrome..
🔒 48	200	HTTP	Tunnel to	plogin.m.jd.com:443	0			chrome..
🔒 49	200	HTTP	Tunnel to	plogin.m.jd.com:443	0			chrome..
🔒 50	200	HTTP	Tunnel to	plogin.m.jd.com:443	0			chrome..
🔒 51	200	HTTP	Tunnel to	wl.jd.com:443	0			chrome..
🔒 52	200	HTTP	Tunnel to	payrisk.jd.com:443	0			chrome..
🖼 53	200	HTTPS	plogin.m.jd.com	/cgi-bin/m/authcode?mod...	2,722		image/jpg	chrome..
🖼 54	200	HTTPS	plogin.m.jd.com	/cgi-bin/m/authcode?mod...	2,728		image/jpg	chrome..
⚠ 55	404	HTTPS	plogin.m.jd.com	/user/xxxHTMLLINKxxx0....	197		text/html	chrome..
🔒 56	200	HTTP	Tunnel to	blackhole.m.jd.com:443	0			chrome..
◀▶ 57	200	HTTPS	payrisk.jd.com	/m.html	134	must-r...	text/html;c...	chrome..
📄 58	304	HTTPS	wl.jd.com	/unify_min.js	0	max-ag...		chrome..

图 3-2　会话面板

会话面板中不同图标的含义如下。

❑ ⬆ 表示请求已被发送到服务器。

❑ ⬇ 表示从服务器下载响应结果。

❑ 🖥 表示请求在断点处暂停。

❑ 🖥 表示响应在断点处暂停。

❑ ◔ 表示 HTTP 请求使用了 HEAD 方法，但响应中没有内容。

❑ 🔒 表示 HTTP 请求使用了 CONNECT 方法，可以使用 HTTPS 建立连接通道。

- ❑ 🔘表示响应是 HTML 格式。

- ❑ 🖼表示响应是图片格式。

- ❑ 📜表示响应是脚本文件。

- ❑ 📑表示响应是 CSS 文件。

- ❑ 📰表示响应是 CML 文件。

- ❑ 📄表示响应成功。

- ❑ 🔽表示响应是 HTTP 300/301/302/303/307。

- ❑ ◆表示响应是 HTTP 304（数据没有发生变更），可以使用未过期的客户端缓存文件。

- ❑ 🔑表示响应需要客户端验证。

- ❑ ⚠表示服务器错误。

- ❑ ⊘表示 HTTP 请求被客户端、Fiddler 或服务器终止。

3.1.2 Fiddler 中常用的 QuickExec 命令

Fiddler 中常用的 QuickExec 命令可以帮助我们快速定位会话。Fiddler 启动后，界面左下角的黑色输入框就是用来输入 QuickExec 命令的，可通过 Alt+Q 快捷键激活这个输入框。Fiddler 中常用的 QuickExec 命令如表 3-1 所示。

表 3-1 Fiddler 中常用的 QuickExec 命令

QuickExec 命令	说明
= ResponseCode	快速选择指定的 HTTP 状态码。输入 "=404"，然后按 Enter 键，Fiddler 就会将会话列表中 HTTP 状态码为 404 的所有会话选中
=Method	快速选择指定的 HTTP 请求方法。输入 "=GET"（不区分大小写），然后按 Enter 键，此时使用 GET 方法的所有会话都将被选中
@host	快速选择 host 中包含指定内容的会话。如果输入 "@jd"，然后按 Enter 键，那么包含 jd.com、sale.jd.com 等内容的会话将被选中

QuickExec 命令	说明
bold	bold 命令执行后，URL 中包含指定内容的所有会话都将加粗显示。例如，如果输入"bold static"，然后按 Enter 键，新抓取的 URL 中包含 static 的会话将被加粗显示。但是，bold 命令输入前的会话即使符合条件，也不会被加粗显示
?search	搜索符合条件的会话。只需要在"？"的后面输入想要搜索的内容，即可实现"即写即搜"，按 Enter 键，此时符合条件的所有会话都将被选中
clear	清除所有会话
cls	与 clear 命令类似，也用于清除所有会话
Dump	保存所有会话
urlreplace A B	将 URL 中的 A 替换成 B
select *	使 HTTP 的头信息中包含指定的内容
tail *	指定会话列表的行数
nuke	清空 WinInet 缓存和 Cookie
quit	退出 Fiddler

3.1.3　Fiddler 的其他一些常见操作

1. 显示服务器端主机地址

显示服务器端主机地址的操作除可以通过修改 CustomRules.js 实现之外，还可以通过 Fiddler 的自定义列表功能来实现。在 Fiddle 中，右击会话列表的头部，从弹出的快捷菜单中选择 Customize columns，如图 3-3 所示。

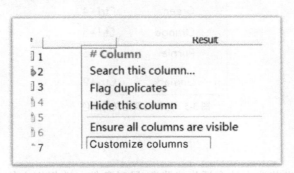

图 3-3　选择 "Customize columns"

在打开的对话框中，从 Collection 下拉列表中选择 Session Flags，然后在 Flag Name 文本框中输入 X-HostIP，在 Column Title 文本框中输入自定义名称 ServerHost，单击 Add 按钮，如图 3-4 所示，就可以在会话列表中看到请求的服务器端主机地址了。同理，我们还可以添加 User-Agent、Referer 等请求或响应的头信息。

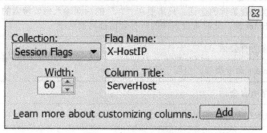

图 3-4 单击 Add 按钮

2. 标记会话

在通过会话定位问题时，常常需要依赖前后相关的会话，但无用的会话太多了。为此，我们可以使用标记功能将有用的会话标记为不同的颜色，以便快速查找。如果发现一个有用的会话，可以在选择这个会话后右击，从弹出的快捷菜单中选择 Mark，之后再选择需要定义的颜色，如图 3-5 所示。此时，这个会话将被加粗并显示成指定的颜色。

Strikeout	Minus
Red	Ctrl+1
Blue	Ctrl+2
Gold	Ctrl+3
Green	Ctrl+4
Orange	Ctrl+5
Purple	Ctrl+6
Unmark	Ctrl+0

图 3-5 选择需要定义的颜色

3. 快速过滤

Fiddler 可以根据当前选定的会话生成隐藏/显示条件。选择指定的会话后右击，从弹出的快捷菜单中选择 Filter Now，Fiddler 就会根据选择的会话生成相应的规则，用于隐藏来自 Chrome 浏览器的请求、显示/隐藏指定的进程、隐藏指定的域名等，如图 3-6 所示。

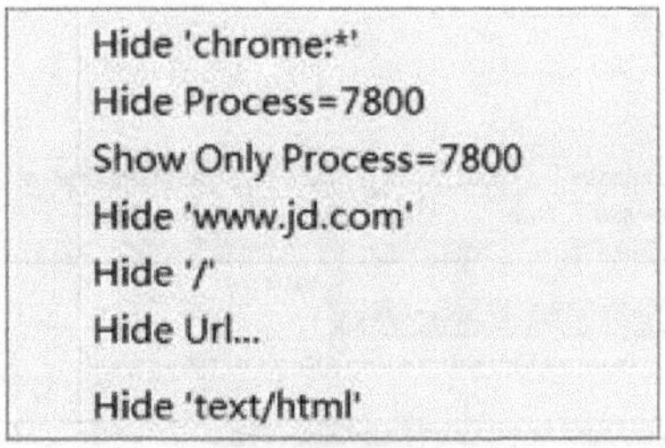

```
Hide 'chrome:*'
Hide Process=7800
Show Only Process=7800
Hide 'www.jd.com'
Hide '/'
Hide Url...
Hide 'text/html'
```

图 3-6　选择规则

4. 断点调试

使用 Fiddler 的断点调试功能可以修改头信息、请求/响应数据以及模拟请求超时等，以便构造不同的测试场景。在 Fiddler 的菜单栏中选择 Rules→Automatic Breakpoints→Ignore Images 来设置断点，从而在断点处拦截所有请求或响应，如图 3-7 所示。另外，若选择 Before Requests，Fiddler 将在把浏览器请求发送到服务器之前进行拦截，在修改相关数据后，再将它们发送到服务器；若选择 After Responses，Fiddler 将在响应返回到浏览器之前进行拦截，在修改相关数据后，再将它们返回浏览器。

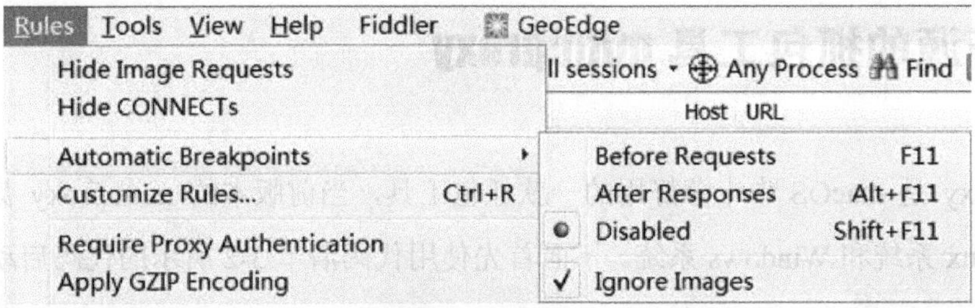

```
Rules  Tools  View  Help  Fiddler  ⊞ GeoEdge
   Hide Image Requests                 ll sessions ▾ ⊕ Any Process 🔍 Find
   Hide CONNECTs                            Host  URL
   Automatic Breakpoints        ▸     Before Requests        F11
   Customize Rules...    Ctrl+R        After Responses      Alt+F11
                                     ● Disabled             Shift+F11
   Require Proxy Authentication       ✓ Ignore Images
   Apply GZIP Encoding
```

图 3-7　设置断点

这里选择 Before Requests，因此之后所有的请求都将被拦截。选择被拦截的会话，在会话列表的右侧选择 Inspectors→WebForms，在打开的面板中修改请求参数，如图 3-8 所示。Break on Response 表示在服务器返回时进行拦截，Run to Completion 表示继续运行，Choose Response...表示自定义返回的响应。

5. 截获 WebSocket 协议

在 Fiddler 的菜单栏中选择 Rules→Customize Rules，在打开的 CustomRules.js 中添加代码清单 3-1 所示的代码（请添加到 static function OnExecAction（sParams:String[]):Boolean 这一行

代码的前面）。

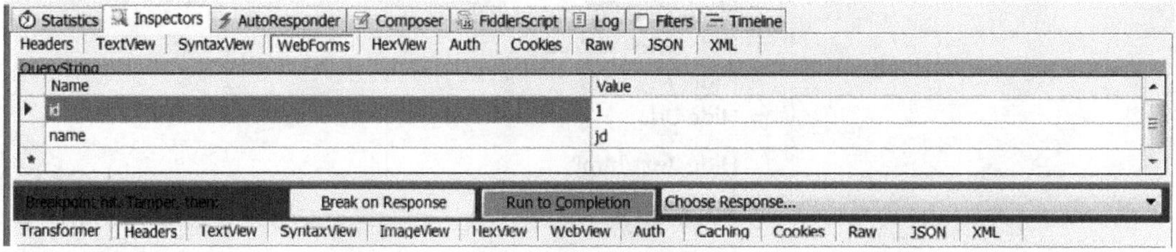

图 3-8　修改请求参数

代码清单 3-1

```
1    static function OnWebSocketMessage(oMsg: WebSocketMessage) {
2        //将内容输出到 Log 标签中
3        FiddlerApplication.Log.LogString(oMsg.ToString());
4    }
```

保存后，即可在 Fiddler 界面右侧的 Log 标签中看到 WebSocket 协议的数据包。

3.2　开源的抓包工具 mitmproxy

mitmproxy 是 macOS 中十分好用的一款抓包工具，当前版本的 mitmproxy 甚至可以支持 macOS、Linux 系统和 Windows 系统。下面首先使用代码清单 3-2 所示的代码启动 HTTP 代理监听的端口。

代码清单 3-2

```
1    mitmproxy -p 8080
2    使用-p 选项指定 HTTP 代理监听的端口，默认为 8080 端口
```

然后在浏览器（以 Chrome 浏览器为例）中配置本地代理。打开 Chrome 浏览器的设置界面，进入高级设置，单击"打开代理设置"，如图 3-9 所示。

然后单击"代理"标签页，选中"网页代理(HTTP)"复选框，如图 3-10 所示。

配置完成后，当通过 Chrome 浏览器访问网页时，就可以在 mitmproxy 中查看截获的消息

了。配置完 mitmproxy 的代理后，打开浏览器，访问网址 mitm.it，如图 3-11 所示，在出现的安装引导界面中单击并下载对应平台的证书。

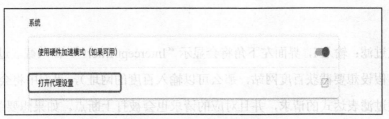

图 3-9 单击"打开代理设置"

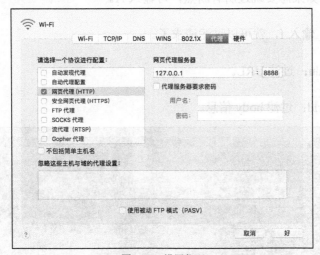

图 3-10 设置代理

图 3-11 安装证书

3.2.1　列表操作

使用上、下方向键选择想要查看的请求，按 Enter 键，即可查看消息的详细内容，如图 3-12 所示。

❑　截取过滤：输入 i，界面左下角将会显示 "Intercept filter:"，输入截取过滤表达式（例如，假设想要截获百度网站，那么可以输入百度的网址），界面中将会高亮显示对应截取过滤表达式的请求，并且对应的请求也会被打上断点。如果想要跳过此次请求，可输入 a；如果想要跳过所有断点，可输入 A。

❑　显示过滤：输入 f，就可以过滤请求了。

● 　~u baidu：过滤 URL。

● 　~b world：过滤 body 信息。

图 3-12　查看消息的详细内容

❑　其他信息如下。

● 　F 表示跟随模式，如果有新的包，就直接显示（滚动屏幕）。

- C 表示复制到剪贴板。

- Cc 表示复制内容。

- Ch 表示复制请求头。

- z 表示清除屏幕。

从请求列表中选择想要查看详情的请求，按 Enter 键即可。如果要修改对应的请求内容，输入 e，进入编辑页，如图 3-13 所示，使用光标选择要改的内容。

图 3-13　编辑页

然后输入 i，进入修改模式。完成修改后，按 Esc 键，输入 wq 可以退出并保存，输入 q! 可以退出但不保存。

❑ 其他常见操作如下。

- 输入 h 和 l 可以左右移动。

- 输入 m 可以切换 body 信息的显示格式。

3.2.2　mitmweb

在获取消息的截获结果时，除使用前面介绍的方法之外，我们还可以使用 mitmproxy 提供的另一个工具 mitmweb。打开控制台，输入 mitmweb，新出现的 Web 页面的右下角显示了代理的端口配置，如图 3-14 所示。

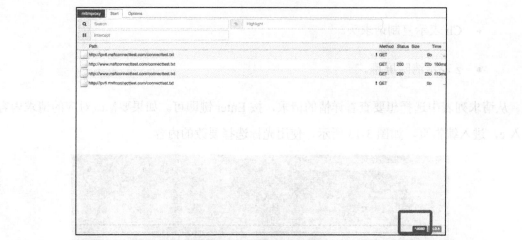

图 3-14　代理的端口配置

我们可在浏览器端或手机端完成代理的配置。图 3-15 显示了手机端代理的配置。

图 3-15　手机端代理的配置

由于 UI 操作很直接，因此这里不再详细介绍操作方法。

接口测试的标准输入

测试工程师，尤其是做了多年业务测试的测试工程师，在开始接触接口测试时，无论研发工程师是否提供了接口文档，下面 3 种情形在日常工作中都是很常见的。

- ❑ 研发工程师提交测试的项目附带了一个几十页的 Word 文档，里面是一行行的访问地址和路由，面对这样的 Word 文档，测试工程师不知道如何开始验证。

- ❑ 研发工程师使用即时通信工具发送了一条长达几页的消息，里面包含各种嵌套的参数，测试工程师不知道这些参数都是干什么用的。

- ❑ 研发工程师口头指出需要测试的接口地址，之后什么都没有再多说，面对又长又复杂的接口地址，测试工程师束手无策。

对于上述情形，难道测试工程师就没有办法自行分析接口并完成测试吗？答案当然是否定的。但是，在开始解决上述问题之前，我们首先需要知道对于接口测试来说，什么样的输入才是理想的；之后我们再看看千奇百怪的接口测试提测项目又是什么样的；最后我们看看如何解决各种不理想的问题，从而回到接口测试的正轨。

3.3.1 理想的接口测试提测项目

理想的接口测试提测项目在提测过程中应该既包含前期参与的产品需求、原型设计，它们由产品经理提供；也应该包含接口文档、单元测试脚本，它们由研发工程师提供。为了开展接口测试，以上这些都是必须输入的内容，它们的作用如下。

- ❑ 产品需求描述了系统的业务逻辑，只有掌握了产品需求，测试工程师才能知道怎么设计测试用例。

- ❑ 原型设计更加直观地指明了系统的使用逻辑，对于测试用例的设计和系统的前期认知，原型设计是有辅助作用的。

❑　接口文档详细描述了后端接口的访问方式和参数说明，只有掌握了这些，测试工程师才能开展接口测试用例的设计、测试脚本的准备和测试数据的构建。

❑　单元测试脚本既是保障接口测试提测项目质量的重要因素，也是研发工程师自测的一种有效手段。

上述必须输入的内容并没有限制 SUT（System Under Test，被测系统）的类型，SUT 既可以是手机 App，也可以是 Web 服务，甚至可以是微服务接口。因此，在接口测试阶段，理想的接口测试通常是从完美的接口文档开始的。研发工程师在设计和开发接口的过程中，需要不断维护和更新接口文档，接口文档中包含每一个接口的访问方式、访问路由、输入参数及返回参数的含义，此外还包含一个完整的例子。

接口文档既可能以 Word 文档形式存在，也可能以类似 Swagger 的工具形式存在。使用 Swagger 可以从代码中生成以 Web 服务形式存在的接口文档，这种接口文档能够随着代码的变更而同步进行变化，从而极大降低了研发工程师和测试工程师的沟通成本。

图 3-16 显示了使用 Swagger 生成的接口文档，从中可以看出，接口文档对接口的访问方式、访问路由及参数做了详细描述。

图 3-16　使用 Swagger 生成的接口文档

因此，拿到接口文档后，我们就可以快速使用各种工具或代码来完成单个的接口测试任务了。与此同时，我们还可以通过进行一些参数设计和参数上下文传递来完成接口的流程测试。

3.3.2 理想的情况很难发生

上面所说的是理想的情况，但现实情况往往并不总是让人满意的，大家肯定遇到过如下 3 种情况。

- ❑ 仅仅因为产品经理的一句话需求，研发工程师便开始任意发挥，"所见系统即需求"的情况普遍存在，更别提后续的单元测试和接口文档了。

- ❑ 研发工程师从来不写单元测试脚本，提测项目的质量无法保障，接口文档更无从谈起，不知道如何开始完成接口测试。

- ❑ 拿到提测项目后，从部署测试环境到开始测试，一直都摸着石头前进。由于接口测试没有充分的输入条件，因此只能从 UI 层开始测试，结果导致交付质量大打折扣。

正如墨菲定律所讲的那样——"可能发生的事就一定会发生"，上面所列的接口测试难以推行的情况，大家在实际工作中肯定会碰到。那么，项目如果没有接口文档，难道就无法开始接口测试吗？当然不是。

测试工程师要做的工作在本质上是由表及里的，如果每次工作时都处在与终端用户使用行为几乎一致的流程上，那么只能说明您还不算是一名合格的测试工程师。其实，无论研发工程师提供的输入项是否包含接口文档，我们都可以通过一些技术手段和工作方法，完成接口测试必需的输入项接口文档的创建。

3.3.3 开始第一个接口测试

接口测试如何开始呢？下面我们将通过完成一项任务，讲解如何开始第一个接口测试。在拿到 SUT 环境时，首先要进行的就是接口测试，这是因为单元测试不是由测试工程师完成的，而是由研发工程师编写测试脚本并由持续集成系统自动完成的。如果研发工程师没有提供任何有价值的接口文档，那么为了开始接口测试，我们可以通过循环执行工具辅助、分析问题、询问解惑 3 个步骤来完成，如图 3-17 所示。

图 3-17　循环执行工具辅助、分析问题、询问解惑 3 个步骤

我们可以借助一些工具完成接口分析并截获一些接口信息，然后通过分析接口的访问方式、参数等信息，整理出一些问题并与研发工程师沟通这些问题，从而将一些不知道的参数的含义、取值范围等问题弄清楚。

通过循环执行工具辅助、分析问题、询问解惑这 3 个步骤，我们可以实现对 SUT 接口信息的完善和维护，并最终得到一份完整的、开展接口测试所需的输入—接口文档。接下来，我们结合一个案例，看看这 3 个步骤具体如何执行。

1．工具辅助

当第一次拿到一个被测项目时，无论它是一个 App 服务还是一个 Web 服务，我们都可以通过一些 HTTP 代理完成接口分析。在这里，您可以选择我们之前介绍过的任意一款抓包工具。

2．分析问题

为了解决问题，把问题分析透是十分关键的。下面使用 Fiddler 分析极客时间的 Web 端首页。为此，首先启动 Fiddler，然后使用浏览器访问极客时间的 Web 端首页，我们可以看到，Fiddler 截获了很多消息，如图 3-18 所示，在界面右侧的 Inspectors 标签页下，我们可以看到请求和响应的具体内容。

图 3-18　使用 Fiddler 截获极客时间的 Web 端首页

为了方便大家查看，代码清单 3-3 展示了 Request 消息正文。

代码清单 3-3

```
1   POST https://time.geekbang.org/serv/v1/column/topList HTTP/1.1

2   Host: time.geekbang.org

3   Connection: keep-alive

4    Content-Length: 0

5   Accept: application/json, text/plain, /

6   Origin: https://time.geekbang.org

7   User-Agent: Mozilla/5.0 (Windows NT 10.0; Win64; x64) AppleWebKit/537.36 (KHTML,
    like Gecko) Chrome/78.0.3904.97 Safari/537.36

8   Sec-Fetch-Site: same-origin

9   Sec-Fetch-Mode: cors

10  Referer: https://time.geekbang.org/

11  Accept-Encoding: gzip, deflate, br

12  Accept-Language: zh-CN,zh;q=0.9

13  Cookie: _ga=GA1.2.2063652238.1573441551; _gid=GA1.2.1275017383.1573441551; Hm_lvt
    _022f847c4e3acd44d4a2481d9187f1e6=1573441551; GRID=b0a2570-01c8b13-90b002b-568dc07;
    MEIQIA_TRACK_ID=1TS7HZW4C6OWaPSu5VGIj7uN4pM; MEIQIA_VISIT_ID=1TS7HWSYajeZyS29Iq
    NNyvW9cyY; SERVERID=1fa1f330efedec1559b3abbcb6e30f50|1573441580|1573441549;
    _gat=1; Hm_lpvt_022f847c4e3acd44d4a2481d9187f1e6=1573441790
```

从 Request 消息正文中我们可以获知，请求的访问方式是 POST，访问的 URI 是 https://time.geekbang.org/serv/v1/column/topList。读者可以自行查看 Request 消息正文中各个选项的具体内容，这里重点介绍如下几个选项。

❑ Host：用来指定访问的服务器域名。

❑ Connection：其值为 keep-alive，表示需要持久连接。

❑ Accept：用来指定客户端可以接收的内容类型。

❑ User-Agent：用来指定请求是从哪里发出去的。

❑ Sec-Fetch-Site 和 Sec-Fetch-Mode：用来指定 JavaScript 中有关跨域的一些设置。

❑ Accept-Encoding：用来指定 Web 服务器返回的内容压缩编码类型。

❑ Accept-Language：用来指定语言。

注意，我们需要特别关注 Cookie 的内容，因为 Cookie 中包含的都是与确认用户身份、鉴定角色权限等有关的重要参数。进行完上述分析后，我们就可以自行绘制接口信息表了，如图 3-19 所示。

访问路由	serv/v1/column/topList	
HTTP协议版本	V1.1	
访问方式	POST	
origin	https://time.geekbang.org	
头信息	Host	time.geekbang.org
	Connection	keep-alive
	Content-Length	0
	Accept	application/json, text/plain, */*
	Origin	https://time.geekbang.org
	User-Agent	Mozilla/5.0 (Windows NT 10.0; Win64; x64) AppleWebKit/537.36 (KHTML, like Gecko) Chrome/78.0.3904.97 Safari/537.36
	Sec-Fetch-Site	same-origin
	Sec-Fetch-Mode	cors
	Referer	https://time.geekbang.org/
	Accept-Encoding	gzip, deflate, br
	Accept-Language	zh-CN,zh;q=0.9
Cookie信息	_ga	GA1.2.063052238.1573441551
	_gid	GA1.2.1275017383.1573441951
	Hm_lvt_022f847b463acd44b84	1573441551
	GRID	tt0g25z0-01c8b13-30t002fh-56rdn07
	MEIQIA_VISIT_ID	1TS7HW3TGseZVS29KqNNwWW9KvY
	MEIQIA_TRACK_ID	1TS97rIZW4CBCWaPSu5YGa7tdPJqM
	SERVERID	1fa1f320efefec155e61a3abbch4b6f0f501573441560j1573441551z9
	_gat	1
	Hm_lpvt_022f847b4e3acd44g	1573441780
body信息	无	

图 3-19　接口信息表

在图 3-19 所示的接口信息表中，标注了白色背景的部分是此次访问的基本信息；标注了灰色背景的部分是此次访问的头信息，对于这些内容我们已经知晓；标注了黑色背景的部分是

Cookie 信息，对于这些内容我们尚不知晓。此次访问的 body 信息是空的。

下面我们再来看看 Response 消息正文，返回的消息比较长，这里不再单独列出。但是，通过图 3-20 我们可以看出，此次返回的正文是一个很长的 JSON，里面包含各个专栏或课程的信息。

图 3-20   返回的主体是一个很长的 JSON

接口的返回值包含了很多参数，大家有必要关注一下这些参数，因为很多时候，一个接口的返回值有可能是另一个接口的入参，它们起到串联业务逻辑上下文的作用。接口信息表中还包含一些未知的 Cookie，由于 Cookie 中包含了完成接口测试所必须模拟和传递的一些重要信息，因此我们要尽可能完善 Cookie，使其成为接口测试的必要输入条件。有了接口信息表之后，我们就可以解惑了。

3. 询问解惑

对于此次访问的 Cookie 中的参数，从语义上讲，我们既不知道这些参数是用来干什么的，也不知道它们起什么作用。

为此，我们拿着接口信息表，找到相应的研发工程师，向他们询问接口信息表中深灰色背景部分的参数。对于其中的每一个参数，都要详细询问以下 3 点内容，并保证自己已经真的理解这些内容。

- ❑ 参数的含义及来源。我们要搞清楚每一个参数的含义，也就是这个参数对应的实际自然语言的名称。可以记录每一个参数的中文语义，这有助于记住这个参数是用来干什么的。另外，我们还要知道参数的赋值是从哪里来的，是从其他页面或接口返回的，还是由 JavaScript 生成的。如果参数是从其他页面或接口返回的，那么还要知道是由哪个页面或接口返回的哪个字段。这样当我们进行接口测试时，就知道应从哪里得到参数的赋值了。如果参数是另一个接口的返回字段，那就需要维护一份接口信息表，以便下次创建对应的参数。如果不允许创建参数，那么我们还需要知道参数的生成规则，以便需要时能够手动构造参数。

- ❑ 参数的作用域。参数的作用域涉及的问题包括参数在接口中是用来干什么的，参数在哪一个访问周期中一直存在，参数是否导致业务逻辑分支等。比如，参数是用来验证用户权限的吗？参数的验证算法是什么？之所以要搞清楚这些问题，是为了让我们在进行接口测试时，能够设计更小的参数组合以覆盖更多的业务逻辑，这是对测试用例去冗余的一种好方法。

- ❑ 返回值的含义。对于接口的返回值，我们要理解 JSON 中每一个键对应的含义，这样当需要与接口产生交互时，就可以快速搞清楚对应参数的含义，从而完成业务逻辑上下文的串联。

总的来说，请求和响应的全部参数对于接口测试而言都是必要的输入项，因此我们有必要花费精力完善并留存它们。至此，我们已经借助工具并通过分析问题明确了未知参数，还通过询问研发工程师理解了未知参数的中文含义、作用域以及对应的返回参数的中文含义。即使面对没有接口文档的提测项目，相信我们也能收集到明确且足够的信息。

接下来，我们就可以利用这些信息，完成业务逻辑的接口测试。

3.3.4　串联多个接口

在质量保障过程中，测试的主要任务是保障 SUT 业务逻辑的正确性。但是，仅仅进行单一接口的测试通常很难保障 SUT 业务逻辑的正确性，因此在大部分测试场景中，我们需要串联多个接口才能完成保障 SUT 业务逻辑正确性的任务。

然而，即使我们已经按照之前介绍的 3 个步骤完成对全部单个接口的分析，也并不能马上开始进行测试，这是因为测试的业务逻辑是通过串联多个接口完成的，而多个接口的串联逻辑是由业务逻辑规定的。因此，多个接口之间并非随意组合，而是需要按照业务逻辑并通过数据传递来完成多个接口的串联。

这其实就和拼图游戏一样。假设有一些拼图碎片，这些拼图碎片可以拼到一起，不会出现明显的不适合情形。但是，要想真正完成拼图任务，就不仅需要考虑拼图碎片是不是可以拼到一起，还要考虑在将这些拼图碎片拼到一起后，得到的图形与正确图形是否一致。

前面我们整理好的、各个单一接口的接口信息表就相当于拼图游戏里的拼图碎片，业务逻辑相当于拼图后的最终图形，其中的参数则相当于拼图碎片的缺口和每一个拼图碎片上的图形。

因此，为了使用接口测试完成业务逻辑，我们不仅需要制作整个流程中所有接口的接口信息表，还要弄清楚每一个数据流程，数据流程负责驱动业务流的处理，如此才能开始业务逻辑的接口测试。

3.4　接口测试工具 Postman

启动 Postman 软件，输入被测接口的 URL，单击 Params 按钮，设置请求参数，然后选择请求方法（如 GET 或 POST），最后单击 Send 按钮，一个简单的请求过程就完成了。发送完请求后，查看接口返回的 JSON 信息。下面介绍 Postman 的一些常用功能和使用技巧。

3.4.1　使用测试用例集管理被测接口

Postman 提供的 Collections 功能可以理解为测试用例集。在 Postman 软件界面中，单击右上角的文件夹图标，如图 3-21 所示。

图 3-21　单击文件夹图标

在弹出的界面中，填写测试用例集的名称和被测接口的描述信息，这样一个测试用例集就创建好了。Postman 还支持在测试用例集下继续创建目录，如图 3-22 所示。

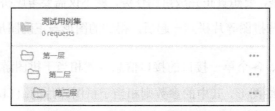

图 3-22　在测试用例集下继续创建目录

根据实际情况，将被测接口分类并归纳到一起。

3.4.2　验证接口返回结果的正确性

使用 Postman 不仅可以发送请求，而且可以通过 Tests 功能验证返回结果的正确性。在头信息编辑区域，选择 Tests 标签页，如图 3-23 所示。

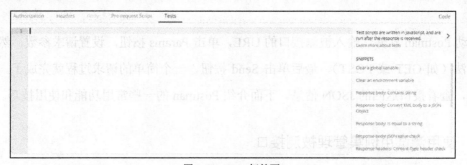

图 3-23　Tests 标签页

Tests 标签页的左侧为脚本区域，我们可以通过自行编写 JavaScript 代码来对结果进行校验。另外，Postman 在 Tests 标签页的右侧提供了一些常用的测试脚本，这些测试脚本基本可以满足日常的测试工作。选择测试脚本，如"Response body：Contains string"（用于验证响应中是否包含指定的文本），脚本区域将会自动写好样例代码，测试人员只需要稍做修改即可，比如校验 Price 字段是否存在，如图 3-24 所示。

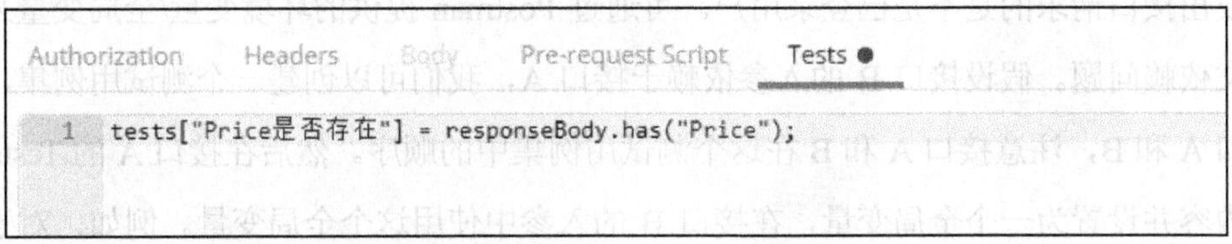

```
  Authorization      Headers      Body      Pre-request Script      Tests ●

  1   tests["Price是否存在"] = responseBody.has("Price");
```

图 3-24　校验 Price 字段是否存在

代码清单 3-4 展示了一些常见的校验示例。

代码清单 3-4

```
1     tests["返回的内容为百度"] = responseBody === "百度";
2     tests["响应时间短于200ms"] = responseTime > 200;
3     tests["状态码是200"] = responseCode.code === 200;
4     postman.setEnvironmentVariable("key", "value");
5     postman.setGlobalVariable("key", "value");
6     var jsonObject = xml2Json(responseBody);
7     //检查 JSON 以及接口返回的内容
8     {
9       "status": 301,
10      "message": "无结果",
11      "lists": [11]
12    }
13    //脚本示例
14    var jsonData = JSON.parse(responseBody);
15    tests["测试的名称"] = jsonData.value === 100;
16    tests["状态码是301"] = jsonData["status"] == "301";
17    tests["message"] = jsonData["message"] == "无结果";
18    tests["list"] = jsonData["lists"][0] == "11";
```

tests["×××"]中的×××在一个脚本中如果出现多次，那么只有第一个会被执行，所以请不要重复。

3.4.3　使用全局变量解决上下文依赖问题

在测试过程中，我们经常会遇到当前接口依赖于其他接口的情况，或是需要通过 Cookie 校验当前发出接口请求的是不是已登录用户。可通过 Postman 提供的环境变量/全局变量来解决这种上下文依赖问题。假设接口 B 的入参依赖于接口 A，我们可以创建一个测试用例集，在其中保存接口 A 和 B，注意接口 A 和 B 在这个测试用例集中的顺序。然后在接口 A 的 Tests 中获取需要的内容并设置为一个全局变量，在接口 B 的入参中使用这个全局变量。例如，对于登录页面 A 和登录接口 B，当登录页面 A 发起对登录接口 B 的请求时，就需要附带登录页面 A 的 HTML 标记中特定位置的一段随机字符串，作为登录接口 B 的 body 信息中的 token 值。为此，首先在测试用例集中创建接口 A，并在 Tests 中获取 token 值，如代码清单 3-5 所示。

代码清单 3-5

```
1    var pattern = /[a-z0-9A-Z]{40}/;
2    var _token = responseBody.match(pattern)[0];
3    postman.setGlobalVariable("_token", _token);
```

然后在测试用例集中继续创建接口 B，并在接口 B 的 body 信息中输入"key:token，value:{{token}}"，这样当运行整个测试用例集时，对接口 B 的请求就可以获得正确的 token 值。如果此时又出现了接口 C，且接口 C 依赖于接口 C 返回的 Cookie，怎么办呢？解决的思路和方法是一样的：在接口 B 的 Tests 中获取接口 C 返回的 Cookie，如代码清单 3-6 所示。

代码清单 3-6

```
1    for (var i=0;i<responseCookies.length;i++){
2      if (responseCookies[i]["name"]=="t" && responseCookies[i]
         ["domain"] ==" examples.com");
3      var t_c = responseCookies[i];
4    };
5    var cookie = t_c["name"]+"="+t_c["value"]+";Max-Age=2592000; path=/;
          domain= examples.com.com; HttpOnly";
6    postman.setGlobalVariable("cookies", cookie);
```

3.5　接口测试的关键逻辑

简单来说，Postman 就是一款 HTTP 客户端工具。但 Postman 只是我们完成任务的手段，接口测试用例的设计和实现过程才是本书的重点。因此，大家完全不必因为掌握了 Postman 工具而觉得下面的内容晦涩难懂。

3.5.1　明确被测系统

有了被测系统，我们才能开始接口测试。但是，目前我们在网络上可以看到的系统，如极客时间的手机应用、百度网站等，并不适合用来讲解接口测试，因为我们需要知道接口的每一个参数以及一些接口的处理逻辑。

为了便于讲解，作者专门制作了一个名为 Battle 的小型系统，这是一个理想的被测系统，读者可从 GitHub（搜索 "crisschan/Battle.git"）下载这个系统的详细代码。

Battle 系统是一款采用回合制的游戏，可通过接口测试的方法和服务器发生交互，模拟两个角色进行决斗，最后得出到底谁是赢家。详细的说明和代码都在 GitHub 上，读者可以自行查看。除单个接口的说明以外，剩下的就是业务逻辑了。Battle 系统的业务逻辑如下：进入系统后，选择武器，接下来就可以和选择的敌人决斗了。

3.5.2　开始接口测试

在开始业务流程接口测试之前，我们需要先通过接口测试的方法测试每一个接口，既要保证接口的正确性，也要保证接口业务逻辑的正确性。这里所说的 "正确性"，指的是 "正确接收合法的 Request 入参，并正确拒绝非法的 Request 入参"。

1．单接口测试

单接口测试的重点，其实就是保证一个接口的正确性和健壮性。也就是说，单接口测试既

53

要保证这个接口可以按照需求正确处理传入的参数，并给出正确的返回结果；也要保证能够按照需求，正确地拒绝传入不正确的参数，并给出正确的拒绝性返回结果。下面以 Battle 系统为例进行单接口测试。

启动 Postman 后，可以看到 Postman 的 UI 结构很简单。为了检测 Postman 的首页访问接口，我们需要设定 HTTP 请求的访问方式为 GET，并设定 URL 为 http://127.0.0.1:12356/。单击 Send 按钮后，在界面底部的 Body 部分查看首页访问接口返回的说明性文本信息，如图 3-25 所示。

图 3-25　Postman 的首页访问接口

对于采用 GET 访问方式的接口，我们在前面已经完成了测试工作。接下来，我们测试另一个接口——登录接口，访问方式是 POST，参数是 username 和 password。这两个参数都不可以为空，并且都不可以超过 10 个字符。如果 username 和 password 参数的值相同，就正确进入系统并返回说明性文本，否则拒绝登录。正因为如此，我们需要多检查一项内容——请求参数的设计。使用边界值法来设计请求参数，如表 3-2 所示。

表 3-2　设计的请求参数（一）

username	password	预期结果
criss	criss	正确进入系统，返回消息"please select One Equipment:\n10001:Knife\n10002:Big Sword\n10003:KuiHuaBaoDian"
criss	NULL	正确地拒绝进入系统
NULL	criss	正确地拒绝进入系统
www.epubit.com	epubit.com	正确地拒绝进入系统

在获取请求参数后，剩下的工作就需要借助 Postman 来完成了。选择 POST 访问方式，输

入登录接口的 URL，并在请求的 body 信息中输入"username=criss&password=criss"，然后单击 Send 按钮，响应的 body 信息中将返回对应的内容，如图 3-26 所示。

图 3-26　借助 Postman 工具访问登录接口

使用上面介绍的方法，依次完成剩余两个接口的测试用例的设计和执行，如此便完成了所有单个接口的测试工作。

到目前为止，我们仅仅完成了接口测试的一半工作，另一半工作则是按照系统的业务逻辑进行如下验证：正确的流程可以完成处理，不正确的流程可以拒绝处理。

2. 业务流程接口测试

业务流程接口测试旨在保障通过进行多个接口的串联操作来完成原有需求中提出的业务逻辑。回顾一下，Battle 系统的业务逻辑如下：进入系统后，选择武器，接下来就可以和选择的敌人决斗了。

仅仅根据业务逻辑，我们还无法完成业务流程接口测试。我们还需要对业务逻辑做进一步的分析和细化。

❑　正确登录系统后，选择武器，与敌人决斗，杀死敌人。

❑　正确登录系统后，选择武器，与敌人决斗，被敌人杀死。

- ❑ 正确登录系统后，选择武器，与敌人决斗，最后与敌人同归于尽。

- ❑ 正确登录系统后，选择武器，没有选择敌人，自尽而死。

- ❑ 正确登录系统后，选择的武器未提供，选择敌人，自尽而死。

- ❑ 正确登录系统后，选择武器，选择的敌人不出战（但不再返回到提示列表），自尽而死。

针对上述业务逻辑设计请求参数，如表 3-3 所示。

表 3-3　设计的请求参数（二）

id	username	password	equipmentid	enemyid	预期结果
0	criss	criss	10003	20001	正确完成业务流，显示杀死敌人并赢得比赛的相关信息
1	criss	criss	10001	20002	正确完成业务流，显示被敌人杀死的相关信息
2	criss	criss	10001	20001	正确完成业务流，显示与敌人同归于尽的相关信息
3	criss	criss	10001	NULL	正确完成业务流，显示自尽而死的相关信息
4	criss	criss	10008	20001	正确完成业务流，显示自尽而死的相关信息
5	criss	criss	10001	20008	正确完成业务流，显示自尽而死的相关信息

接下来，我们就可以利用 Postman，将参数手动传递给下一个接口，从而进行业务流程接口测试了。按照上面介绍的方法，使用 Postman 完成其他 5 个业务逻辑的接口测试工作，如图 3-27 所示。

图 3-27　使用 Postman 进行业务流程接口测试

现在已经有 5 个业务流程接口测试用例了，通过观察上面的业务测试（业务流程接口测试的简称），我们发现少了很多异常状况，如正确登录、拒绝登录等，这些业务测试中的反向用例都尚未进行验证。

这就是接口测试和业务测试在设计测试与执行测试过程中的不同之处。在接口测试中，我们可通过单接口测试完成对全部异常状态的覆盖；但在业务测试中，我们更关心业务流和数据流的关系，而不是如何使用业务流的方法覆盖更多的代码逻辑异常，这也是分层测试中有必要在单元测试和界面测试之间加入一层接口测试的主要原因。

通过单接口测试，我们可以更接近单元测试；而通过业务测试，我们可以更接近界面所要承载的交互过程中的业务流验证，这也是现在很多人提倡将测试模型从原来的金字塔模型向菱形模型转变的重要依据。在完成上述一系列测试后，我们就掌握了接口测试的思维：首先从单个接口的测试开始，以保障每个接口的正确性和健壮性；然后通过单个接口的测试完成多个接口业务逻辑的串联，并从业务流的角度完成对业务逻辑正确性的验证。

3.5.3 Postman 的接口测试和持续集成

在使用 Postman 完成从单接口测试用例的设计到业务逻辑接口测试用例的设计之后，相信我们已经掌握了接口测试的思维以及具体的实现方法。到目前为止，我们还处在手动测试阶段，尽管和以前基于界面的业务测试相比已经有了很大区别，但距离自动化的接口测试仍有一定的差距。对此不用担心，因为这个差距只需要借助一个工具就可以消除。

1. 持续集成、持续交付和持续部署

图 3-28 展示了持续集成（Continuous Integration，CI）、持续交付（Continuous Delivery，CD）和持续部署的关系。

持续集成是指在开发人员提交代码更新后，就立即对相应的系统进行构建和测试（此时最常出现的是单元测试），然后通过测试来确定新提交的代码和原有代码是否可以正确集成到一起（也就是集成到主干）。持续集成旨在快速发现问题，包括分支问题，从而防止分支严重偏离主干。持续集成能够实现高质量的快速迭代，目标是快速发现缺陷而非解决缺陷。

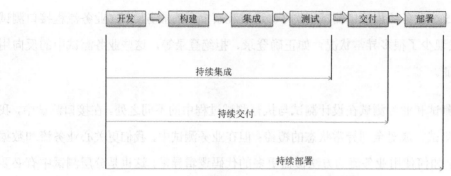

图 3-28　持续集成、持续交付和持续部署的关系

持续交付是指定时或按需将被测系统的最新版本交付给测试人员或用户，以便进行评估、评审或测试，也就是按照一定的需求将最新版本的代码发布到测试环境中。持续交付其实可以看作持续集成的下一步。持续交付重点强调的是被测系统能够随时随地交付，这决定了任何新版的被测系统都可以按照一定的需求具备可交付性。

持续部署是指定时或按需将某一稳定版本发布到生产环境中，从而为最终用户提供服务。持续部署完成了软件从开发直到部署的全流程定义，并强调自动部署到生产环境中的流程，这决定了被测系统的可部署特性。持续部署可以看作持续交付的下一步。持续部署需要经历自动测试、构建、部署等环节才能完成。

2. Postman 和持续集成

在持续集成中，有一个很重要的环节就是持续测试。可通过持续集成平台调取自动化测试，从而完成质量保障工作。我们已经完成了基于 Postman 的接口测试脚本，接下来如何将接口测试脚本赋能给持续集成平台呢？

此时就需要借助 Newman 这款工具，Newman 相当于 Shell 环境下的 Postman。在将基于 Postman 的接口测试脚本导出并推送到 GitHub 仓库之后，持续集成平台就可以通过拉取对应的接口测试脚本并借助 Newman 工具加以执行，来完成对持续集成平台的赋能了。

上面仅仅提供了思路，具体可通过持续集成平台 Jenkins 与 Newman 工具运行 Postman 脚本来完成。

3.6 小结

本章重点讲述了理想的提测项目都包含哪些要素，但理想的提测项目在现实中很难遇到。因此，我们需要循环执行工具辅助、分析问题和询问解惑这 3 个步骤来建立接口信息表，进而建立和维护自己的接口知识库。本章还以拼图游戏为例，描述了接口测试的业务逻辑验证思路。

随着被测系统不断迭代，当您积累起自己的接口知识库时，您就能完成自己所负责业务线的业务知识积累，并逐渐成为这条被测业务线的业务专家。同时，您还将拥有每一个接口的所有输入/输出参数、每一个业务逻辑的数据流以及每一个驱动业务分支逻辑的参数条件，并逐渐成为接口测试领域的技术专家和团队中不可或缺的质量保障者。

在一支团队中，很多时候测试工程师和研发工程师是矛盾的共同体，他们既相互依存又不可分割，在团队中缺一不可。为了摘掉"测试非技术岗位"的帽子，测试工程师必须拥有一定的技术功底和技术素养。

在实际工作中，无论研发工程师能否提供很好的支持，测试工程师都应保持自己的技术能力，并尽最大努力完成自己所能完成的所有事情。只有这样，测试工程师才能提高自己在团队中的话语权。

第 4 章　接口测试和代码

前 3 章讲述了接口测试的一些基础知识，并且一直在强调：用什么工具或代码解决接口测试问题并不重要，拥有接口测试的思维才重要。本章将重点讲解如何打造适合个人或团队的接口测试框架，从而帮助大家建立自己的技术体系。

本章还将以 Python 语言为基础提供一些代码示例，不过语言本身不是重点，读者只需要了解其中的逻辑与方法即可，因为同样的事情，使用 Java、Go 等编程语言也可以完成。

4.1　测试工程师需要掌握的 Python 基础知识

虽然我们一直强调测试时不一定使用 Python 测试框架，而使用团队最熟悉的技术栈，但这是在团队具有一定技术栈能力的前提下。如果团队的基础技术相对较弱，那么推荐使用 Python，因为 Python 已经被纳入中小学教学，这足以证明这门编程语言的易学、易理解特性。下面介绍 Python 语言的基础知识，这样大家就可以看懂本书后面的例子和代码了（本书所有代码都是使用 PyCharm Community 这款 IDE 开发的）。

4.1.1　Python 版的"Hello World！"程序

"Hello World！"程序是每一种计算机编程语言中基本的程序，也是初学者学习编程时往往编写的第一个程序。Python 版的"Hello World！"程序相比其他编程语言的要简单一些，如代码清单 4-1 所示。

代码清单 4-1

```
print("Hello World!")
```

在哪里运行 Python 代码呢？我们可以在安装了 Python 的 Windows 系统中进入命令提示符窗口（如果是 Linux 系统，那么可以直接进入 Shell 环境），然后输入 python 并按 Enter 键，这样就可以进入 Python 交互模式了，如图 4-1 所示。

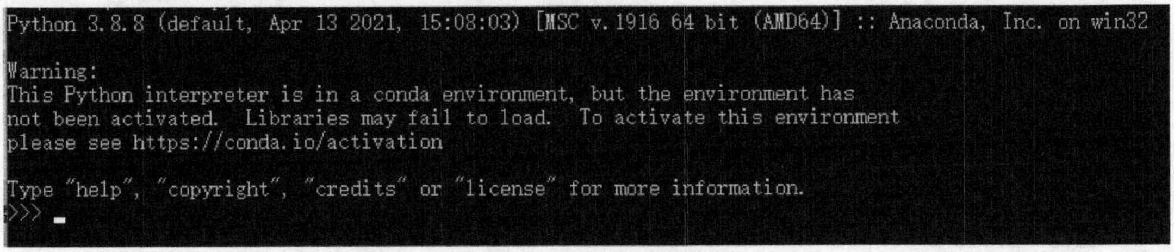

```
Python 3.8.8 (default, Apr 13 2021, 15:08:03) [MSC v.1916 64 bit (AMD64)] :: Anaconda, Inc. on win32

Warning:
This Python interpreter is in a conda environment, but the environment has
not been activated.  Libraries may fail to load.  To activate this environment
please see https://conda.io/activation

Type "help", "copyright", "credits" or "license" for more information.
>>>
```

图 4-1　Python 交互模式

进入 Python 交互模式后，输入代码清单 4-1 所示的代码并按 Enter 键，计算机的屏幕上就会显示"Hello World！"，如图 4-2 所示。

```
>>> print("Hello World!")
Hello World!
>>>
```

图 4-2　输出结果

交互完之后，输入 exit() 并按 Enter 键，这样就可以退出 Python 交互模式了。

4.1.2　基本数据类型

使用变量可以存储不同类型的数据，不同类型的数据则支持不同的操作。Python 内置的数据类型既包含文本、数值、布尔值等基本数据类型，也包括字符串、列表、集合等组合数据类型。可通过 type() 函数获取对象的数据类型，如代码清单 4-2 所示。

代码清单 4-2

```
1    aparam = 10
2    bparam = 'a'
3    cparam = 10.4
4    dparam = {'key':'value'}
```

```
5    eparam = ['f',3]
6    fparam = True
7    print(type(aparam))
8    print(type(bparam))
9    print(type(cparam))
10   print(type(dparam))
11   print(type(eparam))
12   print(type(fparam))
```

运行结果如下。

```
<class 'int'>
<class 'str'>
<class 'float'>
<class 'dict'>
<class 'list'>
<class 'bool'>
```

Python 中的整数是有符号的。我们可以处理任意大小的整数。也就是说，Python 中的整数具有无限的精度，这一点和其他编程语言明显不同。在 Python 中，整数的表示方式和数学意义上的一样，如 1、-1 等。代码清单 4-3 展示了十进制、二进制、八进制、十六机制下整数的表示方式。

代码清单 4-3

```
1    #十进制
2    a = 10
3    print(a)
4    #二进制
5    b = 0b10
6    print(b)
7    #八进制
8    c = 0o10
9    print(c)
10   #十六进制
11   d=0x10
12   print(d)
```

运行结果如下。

```
10
2
8
16
```

对于浮点数而言，Python 提供了 float 类型。浮点数也就是我们常说的小数，目前在 Python 中，浮点数既可以使用 float 类型来表示，也可以使用科学记数法来表示，如代码清单 4-4 所示。

代码清单 4-4

```
1    e =4e10
2    print(e)
3    f = 3.1415926
4    print(f)
```

运行结果如下。

```
40000000000.0
3.1415926
```

在计算机领域，我们常说非 0 即 1，因而任何一种计算机编程语言都需要支持布尔类型。布尔类型表达的是一种逻辑状态，布尔值在程序的控制结构中起着至关重要的作用。布尔值非 True 即 False，因而在代码中，既可以使用 True 或 False 直接表示布尔值，也可以通过布尔运算得出 True 或 False，如代码清单 4-5 所示。

代码清单 4-5

```
1    print(True)
2    print(False)
3    print(1>2)
4    print(2>1)
```

运行结果如下。

```
True
False
False
True
```

其实，Python 针对布尔值还提供了构造函数 bool()，通过这个构造函数，我们可以把其他类型转换为布尔类型。对于整数和浮点数而言，只有 0 会被视为 False，其他数值将被视为True，如代码清单 4-6 所示。

代码清单 4-6

```
1    print(bool(0))
2    print(bool(1))
3    print(bool(1.1))
4    print(bool(-1))
5    print(bool(-1.1))
6    print(bool(0.0))
```

运行结果如下。

```
False
True
True
True
True
False
```

注意，Python 中还存在一种特殊的值——空值，用 None 表示。这里的 None 不是 0，0是有意义的自然数，而 None 是空值（或缺失值）。

4.1.3　组合数据类型

Python 内置的组合数据类型包括字符串、列表、元组、集合、字典等，这些组合数据类型可以满足我们在数据结构方面的绝大部分的需求。

1. 字符串

Python 中的字符串是由字符组成的队列，Python 内置了 str 类来定义字符串。字符串在使用时不用显式声明，直接用英文的单引号或双引号括起来就可以了，如代码清单 4-7 所示。

代码清单 4-7

```
1    a_str='criss is the boy'
2    b_str="criss is the boy"
3    print(type(a_str))
4    print(type(b_str))
```

运行结果如下。

```
<class 'str'>
<class 'str'>
```

注意，单引号和双引号不能混合使用。如果字符串在开头使用单引号，但在结尾使用双引号，那么 Python 解释器就会报出语法错误 "SyntaxError: invalid syntax"。在开发一些测试脚本时，如果需要包含双引号，那么建议使用单引号作为字符串的标记符号，如代码清单 4-8 所示。

代码清单 4-8

```
1    a_str='criss is "the boy"'
2    print(a_str)
```

运行结果如下。

```
criss is " the boy"
```

将单引号和双引号交叉使用的方法十分适合用来开发一些测试脚本，尤其是接口测试脚本，因此很多时候访问请求的参数是字符串，但要保证使用的是 JSON 格式（后续会做详细解释）。同理，如果需要包含单引号，那么建议使用双引号作为字符串的标记符号，如代码清单 4-9 所示。

代码清单 4-9

```
1    b_str="'criss' 'is' 'the boy'"
2    print(b_str)
```

运行结果如下。

```
'criss' 'is' 'the boy'
```

Python 还支持使用成对的三个单引号或双引号将多行字符串赋值给变量，如代码清单 4-10 所示。

代码清单 4-10

```
1    a_mulistr='''criss
2            is the
3            boy'''
4    b_mulistr="""criss
5            is the
6            man"""
7    print(a_mulistr)
8    print(b_mulistr)
```

运行结果如下。

```
criss
is the
boy
criss
is the
man
```

在编码时，每一行内容的长度是有限制的。但很多时候，如果我们所要表达的内容在一行中是写不完的，就需要借助续行符来对不同行的内容进行连接，从而将它们作为完整的一行内容输出，如代码清单 4-11 所示。

代码清单 4-11

```
1    c_alinestr = 'criss is "the ' \
2            'boy"'
3    print(c_alinestr)
```

运行结果如下。

```
criss is "the boy"
```

对于 Python 中的字符串来说，使用下标来获取其中的某个字符，下标也就是我们想要获取的字符在字符串中的位置，如代码清单 4-12 所示。

代码清单 4-12

```
1    a_str='criss is "boy"'
2    print(a_str[2])
```

运行结果是 i，因为下标是从 0 开始编号的。但是，我们只能通过索引获取字符串中的字符，而不能通过索引修改字符串中的字符，如代码清单 4-13 所示。

代码清单 4-13

```
a_str[0]='a'
```

运行后，Python 解释器就会报出 TypeError 错误，如下所示。

```
TypeError: 'str' object does not support item assignment
```

在撰写处理访问请求的响应内容时，经常需要返回字符串的一部分。Python 中的字符串支持通过指定开始索引和结束索引的方式截取子串，如代码清单 4-14 所示。

代码清单 4-14

```
1    a_str='criss is "boy"'
2    print(a_str[6:8])
```

运行结果如下。

```
is
```

索引也可以是负数，这表示从字符串的末尾开始反向截取。如果开始索引为空，那么表示从字符串的第 1 个字符开始截取；如果结束索引为空，那么表示从开始索引指定的字符截取到字符串的最后一个字符。Python 重载了字符串的加法运算，我们可以通过字符串的加法运算来实现字符串的串联，这为按照接口测试的入参格式组装参数提供了极大便利，如代码清单 4-15 所示。

代码清单 4-15

```
1    a_str='criss is '
2    b_str = 'the boy.'
3    print(a_str+b_str)
```

运行结果如下。

```
criss is the boy
```

Python 支持的转义字符如表 4-1 所示。

表 4-1　Python 支持的转义字符

转义字符	含义
\n	换行符，将光标移到下一行开头
\r	回车符，将光标移到本行开头
\t	水平制表符，相当于 4 个空格
\b	退格符，将光标移到前一列
\\	反斜线
\'	单引号
\"	双引号
\	字符串末尾的续行符，表示将一行中写不完的部分转到下一行继续写

　　虽然转义字符在书写形式上由不止一个字符组成，但是 Python 会将它们从整体上看作一个字符。Python 还内置了很多字符串函数，它们使得字符串操作变得十分简单。在编写测试脚本时，使用频率较高的字符串操作函数有 len()、str()、upper()、lower()、strip()、isdigit()、isalpha()、find()、replace()、split()等。下面我们介绍其中常见的几个字符串操作函数的用法。

　　很多时候，我们需要知道字符串的长度（比如在截取或遍历字符串时）。此时 len()函数就派上用场了。str()函数用于类型转换，使用 str()函数可以将任何类型的数据转换成字符串，这种类型转换操作在处理接口自动化测试参数时会经常用到。len()和 str()函数的具体用法如代码清单 4-16 所示。

代码清单 4-16

```
1    criss is the  boy.
2    a_funcstr = 'Informaiton'
3    alist = [1,2,3]
4    print(len(a_funcstr))
5    aliststr=str(alist)
```

　　大小写字母的转换在字符串操作中十分常见，Python 为此提供了 upper()和 lower()函数，前者用于将全部字母转换成大写形式，后者用于将全部大写字母转换成小写形式。如果字符串中包含非字母字符，就跳过它们不做处理。upper()和 lower()函数的具体用法如代码清单 4-17 所示。

代码清单 4-17

```
1    criss is the  boy.
2    a_funcstr = 'Informaiton'
3    a_funcstr.upper()
4    a_funcstr.lower()
```

在设计测试用例时，测试用例的输入数据中通常会包含空格，将空格放在输入数据的开头或末尾是为了检查 SUT（System Under Test，被测系统）的设计是否完善。另外，在编写接口自动化测试脚本时，为了避免出现一些非预期输入问题，需要过滤掉可能出现在输入数据开头或末尾的空格，于是 strip() 函数就派上用场了。使用 strip() 函数可以过滤掉字符串首尾的空格。除过滤掉空格之外，在开发接口自动化测试脚本时，我们还需要判断字符串的内容是不是纯数字或纯字母，Python 为此内置了 isdigit() 和 isalpha() 函数，这两个函数的返回值都是布尔类型，具体用法如代码清单 4-18 所示。

代码清单 4-18

```
1    a_funcstr = 'Informaiton'
2    a_str = '    Informaiton'
3    a_str.strip()
4    a_str = '12334'
5    a_str.isdigit()
6    a_str = 'fsadfsaf'
7    a_str.isalpha()
```

最后，无论是编写自动化测试脚本还是开发一些测试用的小工具，常用的字符串函数还有find()、replace()、split()、join()，它们分别用于执行字符串的查找、替换、分割和合并操作。

其中，find() 函数用于在字符串中查找指定的子串，如果要查找的子串在字符串中不存在，就返回 -1。对于查找字符串中的子串，除 find() 函数外，Python 还提供了 index() 函数。find() 函数和 index() 函数的唯一区别就是：当想要查找的子串在字符串中不存在时，index() 函数会抛出异常。

替换字符串中部分子串的操作可以使用 replace() 函数来完成，这在接口自动化开发中十分常用。例如，对于一些有唯一值的参数传递，通过使用 replace() 函数替换掉部分内容来得到新的字符串。

split()函数和 join()函数执行的是相反的操作。split()函数用于将字符串按照固定的分隔符分成一个列表并返回，join()函数则以固定的分隔符将一个列表合并成字符串。

代码清单 4-19 展示了 replace()、split()和 join()函数的用法。

代码清单 4-19

```
1    a_str = 'this is a cat'
2    print(a_str.replace('cat','dog'))
3    print(a_str.split(' '))
4    print('-'.join(['this', 'is', 'a', 'cat']))
```

运行结果如下。

```
this is a dog
['this', 'is', 'a', 'cat']
this-is-a-cat
```

2. 列表

Python 中的列表是有序的可变集合，这使得 Python 中的列表有了很多其他编程语言中的列表所没有的特性。在 Python 中，列表的声明方式有两种，如代码清单 4-20 所示。

代码清单 4-20

```
1    a_list=[]
2    b_list=list()
```

上述代码声明了两个空的列表。列表的长度可以使用 len()函数来获得，len(a_list)的结果是 0，bool(a_list)的结果是 False，任何长度大于或等于 1 的列表的布尔转换结果都是 True。创建一个交通工具列表，其中的所有元素都是字符串类型，如代码清单 4-21 所示。我们也可以创建混合列表，混合列表中的元素可以是多种类型。

代码清单 4-21

```
1    a_list=['a','b',3,5]
2    b_list=['car','bus','train']
```

列表可以嵌套。我们可以通过递增下标的方式遍历整个列表。当需要截取列表的子列表时，也可以通过下标来完成，截取规则和字符串一样。注意，字符串是不可变的，但列表是可变的。因此，我们可以通过修改指定下标的元素来变更列表。我们可以使用 del 命令删除列表，但如此一来，当访问删除的列表时，Python 解释器将会报错，如代码清单 4-22 所示。

代码清单 4-22

```
1    a_list=['a','b',3,5]
2    a_list[2] = '4'
3    print(a_list)
4    del a
5    print(a_list)
```

运行后，输出结果如下。

```
['a', 'b', '4', 5]
File "4-1.py", line 106, in <module>
    print(a_list)
NameError: name 'a_list' is not defined
```

除上述基本操作以外，Python 还内置了一些函数用于列表的其他操作，包括 append()、insert()、remove()、pop()、join()、count()、find()、reverse()、sort()等函数。在编写自动化测试脚本时，使用这些函数可以快速地处理列表，提高工作效率。其中，append()函数用于将数据追加到列表的末尾，其参数既可以是基本数据类型，也可以是组合数据类型；insert()函数用于在列表中的任意位置插入一个元素，这个元素和使用 append()函数追加到列表中的元素一样，没有什么特殊要求。append()和 insert()函数的具体用法如代码清单 4-23 所示。

代码清单 4-23

```
1    ['a', 'b', '4', 5]
2    a_list=['a','b',3,5]
3    b_list=['car','bus','train']
4    a_list.append('criss')
5    print(a_list)
6    a_list.append(b_list)
7    print(a_list)
8    a_list.insert(0,'criss')
```

```
9    print(a_list)
```

运行后，输出结果如下。

```
['a', 'b', 3, 5, 'criss']
['a', 'b', 3, 5, 'criss', ['car', 'bus', 'train']]
['criss', 'a', 'b', 3, 5, 'criss', ['car', 'bus', 'train']]
```

当需要删除列表中的元素时，使用 remove() 或 pop() 函数。其中，remove() 函数可以根据列表元素的内容删除列表中的任意元素，而无论要删除的元素处于列表中的什么位置。但是，如果列表中含有多个相同的元素，那么 remove() 函数仅仅删除从列表中找到的第一个元素；而对于 pop() 函数，如果不提供任何参数，就会删除列表中的最后一个元素。当然，若为 pop() 函数提供参数，这就能从列表中删除指定索引的元素了。remove() 和 pop() 函数的具体用法如代码清单 4-24 所示。

代码清单 4-24

```
1    a_list=['a','b',3,5,3]
2    a_list.remove(3)
3    print(a_list)
4    a_list.pop()
5    print(a_list)
6    a_list.pop(0)
7    print(a_list)
```

运行后，输出结果如下。

```
['a', 'b', 5, 3]
['a', 'b', 5]
['b', 5]
```

除上面介绍的列表操作函数之外，常用的列表操作函数还有 count()、index()、reverse() 和 sort()。其中，count() 函数用来统计某个元素在列表中出现的次数；index() 函数用于返回查找到的元素在列表中的索引值；reverse() 函数用于翻转列表；sort() 函数用于排序列表。

3. 元组

Python 中的元组和列表有些像，它们都是组合数据类型，并且元组内部的元素也是有序的。元组与列表最大的区别在于元组不可变。元组的声明方式如代码清单 4-25 所示。

代码清单 4-25

```
a_tuple = ('car','plan','train')
```

当需要获取元组内部的某个元素时，和列表一样，通过索引就可以做到。此外，我们还可以通过指定开始索引和结束索引的方式获取元组的子元组。既然元组内部的元素是有序的，那么在操作元组的时候，自然也就和列表一样，索引既可以是正数，也可以是负数，负数表示从元组的末尾反向进行截取，如代码清单 4-26 所示。

代码清单 4-26

```
1    a_tuple = ('car','plan','train')
2    a_tuple = ('car','plan','train','bus','bike','walk')
3    print(a_tuple[0])
4    print(a_tuple[0:3])
5    print(a_tuple[-3:-1])
```

运行结果如下。

```
 car
('car', 'plan', 'train')
('bus', 'bike')
```

元组是不可变的，所以元组可以保障数据的安全，因为元组一旦初始化，那么对元组的任何修改都是不允许的。假设原本想要将元组 b_tuple 声明为空的，但如果像代码清单 4-27 那样声明 b_tuple 元组，就会出现二义性。

代码清单 4-27

```
1    b_tuple = (1)
2    print(type(b_tuple))
```

上述代码运行后将会输出<class 'int'>，这说明 b_tuple 是一个 int 类型的变量，是哪里出问题了？原因就在于，"( )"既可以用来声明空的元组，也可以表示数学公式中的小括号，于是上述代码出现了二义性。在这种情况下，可参照代码清单 4-28 消除这种二义性。

代码清单 4-28

```
1    b_tuple=(1,)
2    print(type(b_tuple))
```

上述代码运行后将会输出<class 'tuple'>。前面强调了元组是不可变的，但我们可以通过嵌套组合数据类型的方式实现"可变的"元组，如代码清单 4-29 所示。

代码清单 4-29

```
1    b_tuple=(1,'2',[2,3,4])
2    b_tuple[2].append(5)
3    print(b_tuple)
```

上述代码运行后并没有报错，而是输出如下结果。

```
(1, '2', [2, 3, 4, 5])
```

这真的改变了元组的不可变属性吗？其实并没有，因为 b_tuple 元组中存储的变量的指向地址并没有发生变化，如图 4-3 所示。

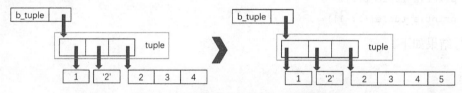

图 4-3　在元组中嵌套列表后的内存示意图

虽然列表中的内容发生了变化，但元组没有发生任何变化，因此 Python 解释器不会报错。

元组还支持拆包。在编写自动化测试脚本时，元组的这种拆包操作对于一些公共方法的返回值的处理十分有用，如代码清单 4-30 所示。

代码清单 4-30

```
1    (1, '2', [2, 3, 4, 5])
2    a_tuple = ('car','airplane','train')
3    car,airplane,train = a_tuple
4    print(car)
5    print(airplane)
6    print(train)
```

上述代码中的 3 个变量 car、airplane、train 将按顺序存储对应的 3 个参数'car'、'airplane'、'train'。元组的这种特性使得我们可以编写一些十分优雅的代码，如代码清单 4-31 所示。

代码清单 4-31

```
1    a_tuple = ('car','airplane','train')
2    print('%s,%s,%s'%a_tuple)
3    _,_,train = a_tuple
4    print(train)
5    car,*other = a_tuple
6    print(car)
7    print(other)
```

在上述代码中，第 3 行中的 "_" 是占位符，由于只需要元组内部的第 3 个元素，因此其他两个元素可以用占位符来表示。但是，如果元组内部的元素非常多，而我们只需要其中一部分元素，那么其他元素可以使用占位符 "*" 来表示。

4. 集合

Python 中的集合是一种无序、无索引的组合数据类型，这决定了我们无法通过索引的方式获取集合中的元素，集合中的元素只能通过使用 for 循环遍历集合来获取，如代码清单 4-32 所示。

代码清单 4-32

```
1    a_set = {1,2,3,45}
2    for a_item in a_set:
3        print(a_item)
```

集合是用英文花括号来声明的。集合创建成功后，可以通过 add()和 update()函数向集合中添加元素。但由于集合的无序性，我们并不知道元素会被添加到集合中的哪个位置。另外，当添加集合中已有的元素时，虽然仍然可以添加进去，但是没有添加效果。集合中的元素可以通过 remove()函数来删除。add()和 remove()函数的具体用法如代码清单 4-33 所示。

代码清单 4-33

```
1    a_set = {1,2,3,45}
2    a_set.add(1)
3    print(a_set)
4    a_set.remove(1)
5    print(a_set)
```

运行结果如下。

```
{1, 2, 3, 45}
{2, 3, 45}
```

Python 中的集合与数学意义上的集合在概念上相似。数学中的集合运算有交集、并集等，Python 中的集合也支持这些运算，如代码清单 4-34 所示。

代码清单 4-34

```
1    a_set = {1,2,3,45}
2    b_set = set([1,2,3,4,5,6])
3    #交集
4    print(a_set & b_set)
5    #并集
6    print(a_set | b_set)
```

运行结果如下。

```
{1, 2, 3}
{1, 2, 3, 4, 5, 6, 45}
```

5.　字典

在编写自动化测试脚本时，字典是常用的组合数据类型。字典在有些编程语言中也称为 map，字典中的元素是以键-值（key-value）对的形式存储的。字典的声明方式有两种，如代码清单 4-35 所示。

代码清单 4-35

```
1    a_dict={}
2    b_dict=dict()
```

与字符串和列表一样，也可以使用 len() 函数获取字典的长度，字典的长度也就是字典中的键-值对的数量，如代码清单 4-36 所示。

代码清单 4-36

```
1    a_dict = {'name':'criss', 'age':'45', 'height':'170', 'weight':'70'}
2    print(len(a_dict))
```

　　上述代码运行后输出的结果是 4。字典中的值既可以通过对应的键来获取，也可以通过类似于赋值的方式来获取。对于赋值方式而言，如果此时字典中有对应的键，就用新的值替换原来对应的值；如果没有，就添加一个新的键-值对，如代码清单 4-37 所示。

代码清单 4-37

```
1   a_dict = {'name':'criss', 'age':'45', 'height':'170', 'weight':'70'}
2   a_dict['gender'] = 'male'
3   a_dict['weight'] = '60'
4   print(a_dict)
```

运行后，输出结果如下。

```
{'name': 'criss', 'age': '45', 'height': '170', 'weight': '60', 'sex': 'male'}
```

　　字典的遍历操作在开发自动化测试脚本时会经常用到，尤其是在对 HTTP 请求的响应头进行处理时。代码清单 4-38 展示了如何遍历字典。

代码清单 4-38

```
1   a_dict = {'name':'criss', 'age':'45', 'height':'170', 'weight':'70'}
2   for key,value in a_dict.items():
3       print('key:%s vaule:%s'%(key,value))
```

运行后，输出结果如下。

```
key:name vaule:criss
key:age vaule:45
key:height vaule:170
key:weight vaule:60
key:gender vaule:male
```

　　字典的遍历方式有很多种，上面这种遍历方式是测试工程师在开发自动化测试脚本时常用的方式，代码清单 4-39 演示了其他几种遍历方式。

代码清单 4-39

```
1   # 遍历字典中的 key 值
2   for akey in a_dict:
3       print(akey)
```

```
4        print(a_dict[akey])
5    # 遍历字典中的 value 值
6    for avalue in a_dict.values():
7        print(avalue)
```

在所有的组合数据类型中，集合和元组是不可变的，但列表和字典是可变的，列表和字典的这种可变性会导致一些赋值问题。观察代码清单 4-40。

代码清单 4-40

```
1    a_dict = {'name':'criss', 'age':'45', 'height':'170', 'weight':'70'}
2    b_dict =a_dict
3    b_dict['name']='chan'
4    print('a_dict:')
5    print(a_dict)
6    print('b_dict:')
7    print(b_dict)
8    a_list = [1,2,3,4,5]
9    b_list = a_list
10   b_list[0]=99
11   print('a_list:')
12   print(a_list)
13   print('b_list:')
14   print(b_list)
```

运行结果如下。

```
a_dict:
{'name': 'chan', 'age': '45', 'height': '170', 'weight': '70'}
b_dict:
{'name': 'chan', 'age': '45', 'height': '170', 'weight': '70'}
a_list:
[99, 2, 3, 4, 5]
b_list:
[99, 2, 3, 4, 5]
```

从运行结果可以看出，无论是字典 b_dict 还是列表 b_list，只要修改其中的元素，原来的字典 a_dict 或列表 a_list 中的数据也将对应发生变化，为什么呢？这是因为 Python 中的对象赋值实际上相当于复制对象的引用。因此，当把字典 a_dict 赋值给字典 b_dict 时，仅仅相当于将字典 a_dict 的引用复制到字典 b_dict 中，如图 4-4 所示。

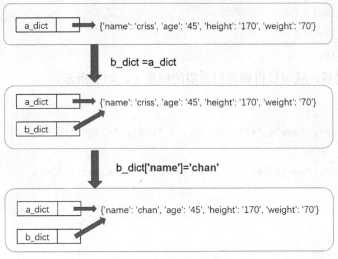

图 4-4 字典复制示意图

列表也一样，对象的赋值并不会产生一个新的独立对象并单独存储，而只是为原来的数据块打上一个新的标签。因此，当其中一个标签发生改变时，数据块就会相应地发生变化，于是另一个标签也会随之改变。这种复制方式又称为"浅拷贝"，"浅拷贝"是指复制父对象，但不复制对象内部的子对象。与"浅拷贝"相反，"深拷贝"是指既复制父对象，也复制对象内部的子对象。对于字典、列表等组合数据类型，如何解决对象的赋值问题呢？Python 为此提供了"深拷贝"函数，具体用法如代码清单 4-41 所示。

代码清单 4-41

```
1    import copy
2    a_dict = {'name':'criss', 'age':'45', 'height':'170', 'weight':'70'}
3    b_dict =copy.deepcopy(a_dict)
4    b_dict['name']='chan'
5    print('a_dict:')
6    print(a_dict)
7    print('b_dict:')
8    print(b_dict)
9    a_list = [1,2,3,4,5]
10   b_list = copy.deepcopy(a_list)
```

```
11   b_list[0]=99
12   print('a_list:')
13   print(a_list)
14   print('b_list:')
15   print(b_list)
```

运行上述代码后，就可以得到我们希望的结果了，如下所示。

```
a_dict:
{'name': 'criss', 'age': '45', 'height': '170', 'weight': '70'}
b_dict:
{'name': 'chan', 'age': '45', 'height': '170', 'weight': '70'}
a_list:
[1, 2, 3, 4, 5]
b_list:
[99, 2, 3, 4, 5]
```

4.1.4　None 类型

None 是 Python 中十分特别的一种类型，要求首字母必须大写。但是 None 不表示空，也就是说，空的字符串、字典、列表等都不是 None。None 既不是 False，也不是 0，如代码清单 4-42 所示。

代码清单 4-42

```
1   print(None is {})
2   print(None is 0)
3   print(None is False)
4   print(None is [])
5   print(None is '')
```

上述代码输出的结果都是 False，那么 None 到底是什么？利用 type()函数可以看出，None 是 NoneType 数据类型中唯一的值，但是 None 也可以赋值给其他变量。其实，None 在自动化测试过程中会被经常用到，比如断言的处理，详见自动化测试驱动框架 unittest 中 assertNone()、assertNotNone()函数的用法。

4.2 接口测试常用库 requests

4.2.1 初识 requests 库

Python 虽然内置了 urllib 库以完成 HTTP 访问，但是这个库用起来太麻烦了，于是有了 requests 库。requests 库是开源的，其仓库地址参见 GitHub 网站。在已经安装好 Python 的计算机上，只需要执行 pip install requests 命令就可以安装 requests 库了。我们可以利用 requests 库进行各种 HTTP 访问并实现基于 HTTP 的接口访问，从而完成接口测试。

下面以 Battle 系统为例介绍 requests 库的用法。在开始之前，我们先简单介绍一下 Battle 系统。Battle 系统要求计算机上安装 Python 3.6 或其他更高的 Python 版本。安装好 Python 后，还需要安装两个软件包，如代码清单 4-43 所示。

代码清单 4-43

```
1    pip install bottle
2    pip install beaker
```

Battle 系统是按照一种类似对战游戏的模式设计的，运行方法如代码清单 4-44 所示。

代码清单 4-44

```
python battle.py
```

运行后，如果出现如下反馈信息，就表示 Battle 系统启动成功了。

```
Bottle v0.12.19 server starting up (using WSGIRefServer())...
Listening on http://127.0.0.1:12356/
Hit Ctrl-C to quit
```

这样就可以通过 http://127.0.0.1:12356/进行接口访问了。万事俱备，下面我们来看看 requests 库的功能到底有多么强大。HTTP 访问中最简单的就是 GET 请求了，使用 requests 库访问 Battle 系统首页的方法如代码清单 4-45 所示。

代码清单 4-45

```
1    import requests
```

```
2    url = 'http://127.0.0.1:12356'
3    res_index = requests.get(url)
4    print(res_index.text)
5    print(res_index.status_code)
6    print(res_index.headers)
```

上述代码首先导入了 requests 库，然后指定了要访问的网址，最后通过 requests.get(url)访问了 Battle 系统的首页，运行结果如下。

```
please input your username (your english name) and password (your english name)
200
{'Date': 'Tue, 07 Sep 2021 05:29:52 GMT', 'Server': 'WSGIServer/0.2 CPython/3.9.6',
 'Content-Length': '77', 'Content-Type': 'text/html; charset=UTF-8'}
```

我们实现了通过 requests 库访问 HTTP 服务器，同时得到了对应的响应请求。除访问使用 GET 方法的 HTTP 请求之外，也可以通过键-值对的形式传递参数，如代码清单 4-46 所示。

代码清单 4-46

```
1    url_diff = 'http://127.0.0.1:12356/diff'
2    payload = {'diff':'easy'}
3    res_diff = requests.get(url_diff,params=payload)
4    print(res_diff.text)
5    print(res_diff.status_code)
6    print(res_diff.headers)
```

可以看到，访问请求和参数在经过 requests 库处理后，已经被编码成固定的 HTTP 格式——要访问的 URL 后加一个问号，然后是跟随参数。这里需要特别注意的是，如果参数的字典中含有 None，那么 None 是不会被拼接到 URL 中的，如图 4-5 所示。

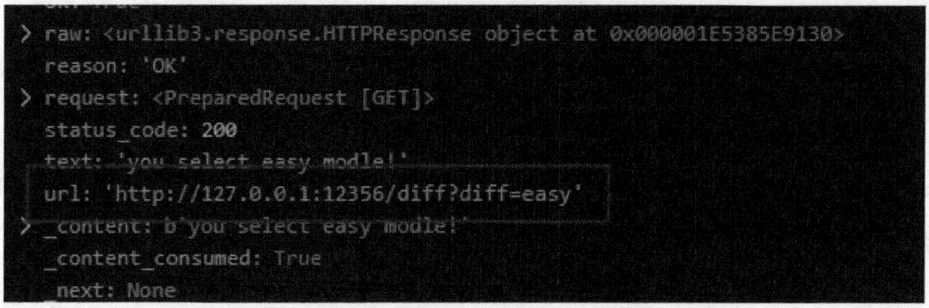

图 4-5　requests 库对 GET 请求的参数进行了编码

requests 库能够很好地封装 HTTP 的各种访问方法，如 POST、DELETE、HEAD、OPTIONS。以 POST 方法为例，我们可以十分简单地完成和服务器的交互，如代码清单 4-47 所示。

代码清单 4-47

```
1   url_login = 'http://127.0.0.1:12356/login'
2   username='CrissChan'
3   password='CrissChan'
4   payload = {'username': username,'password':password}
5   res_login = requests.post(url_login,data=json.dumps(payload))
6   print(res_login.text)
7   print(res_login.status_code)
8   print(res_login.headers)
```

在开发接口测试脚本时，经常需要发送一些类似于表单的内容。利用 requests 库，我们只需要设置 data 参数就可以完成模拟。内容发送出去以后，requests 库就会自动将内容编码为表单形式。如果发送出去的是一个字符串，那么直接将这个字符串赋值给 data 参数就可以了，如代码清单 4-48 所示。

代码清单 4-48

```
1   url_login = 'http://127.0.0.1:12356/login'
2   username='CrissChan'
3   password='CrissChan'
4   payload = {'username': username,'password':password}
5   res_login = requests.post(url_login,data=json.dumps(payload))  # 字符串参数
6   res_login = requests.post(url_login,data=payload)              # 传递参数
    'username': 'CrissChan','password':'CrissChan'
7   payload = (('color', 'red'),('color','green'))
8   res_login = requests.post(url_login,data=payload)# 以表单形式传递参数'color':
                                                     # ['red', 'green']
```

4.2.2　HTTP 头的模拟

1. HTTP 请求头

任何 HTTP 访问请求都包含一个 HTTP 请求头，requests 库完美地支持 HTTP 请求头，如

代码清单 4-49 所示。

代码清单 4-49

```
1   url_login = 'http://127.0.0.1:12356/login'
2   print('--------get-------')
3   url = 'http://127.0.0.1:12356'
4   headers = {'Host': '127.0.0.1',
5   'Connection': 'keep-alive',
6   'Content-Type': 'text/plain',
7   'User-Agent': 'Mozilla/5.0 (Windows NT 10.0; Win64; x64) AppleWebKit/537.36
    (KHTML, like Gecko) Chrome/93.0.4577.82 Safari/537.36',
8   'Accept': '*/*',
9   'Accept-Encoding': 'gzip, deflate, br',
10  'Accept-Language': 'zh-CN,zh;q=0.9'}
11  res_index = requests.get(url,headers = headers)
12  print(res_index.text)
13  print(res_index.status_code)
14  print(res_index.headers)
```

在上述代码中，HTTP 请求头的内容保存在 headers 中，这些都是规范性的。requests 库支持自定义 HTTP 头，如代码清单 4-50 所示。

代码清单 4-50

```
1   url = 'http://127.0.0.1:12356'
2   headers = {'Host': '127.0.0.1',
3   'Connection': 'keep-alive',
4   'Content-Type': 'text/plain',
5   'User-Agent': 'Mozilla/5.0 (Windows NT 10.0; Win64; x64) AppleWebKit/537.36
    (KHTML, like Gecko) Chrome/93.0.4577.82 Safari/537.36',
6   'Accept': '*/*',
7   'Accept-Encoding': 'gzip, deflate, br',
8   'X-usrg': 'criss'}
9   res_index = requests.get(url,headers = headers)
10  print(res_index.text)
11  print(res_index.status_code)
12  print(res_index.headers)
```

在上述代码中，自定义的 HTTP 头是 "'X-usrg':'criss'"。当使用自定义的 HTTP 头访问被测服务时，如果服务器对此接受，那么在返回的消息中，对应的响应结果将如下所示。

```
your define a headers X-usrg is:criss
```

自定义的 HTTP 头在全链路压测平台的压测管理模块中十分常用。在全链路压测平台的压测管理模块中，需要为测试访问的请求贴上标签，以区别哪些是真实请求，哪些是全链路压测请求，这项任务可以通过自定义 HTTP 头来实现。自定义的专用消息头可通过 "X-" 前缀来添加，从而完成压测流量的标记，这样的处理方式又称为流量染色。染色后的流量将按照已经设定好的压测场景，通过不同地域、不同机房下发到系统中。当然，全链路压测并非仅使用一个平台就能支持，还需要进行技术改造以及影子库、影子存储的建设才行。但是，自定义的 HTTP 头是实现流量染色的基础。

requests 库默认使用 application/x-www-form-urlencoded 对 POST 数据进行编码。如果要传递 JSON 数据，那么可以直接传入 json 参数，如代码清单 4-51 所示。

代码清单 4-51

```
1    params = {'key': 'value'}
2    r = requests.post(url, json=params)
```

类似地，上传文件需要更复杂的编码格式，不过 requests 库已经将此项设置简化成 files 参数，如代码清单 4-52 所示。

代码清单 4-52

```
1    upload_files = {'file': open('report.xls', 'rb')}
2    r = requests.post(url, files=upload_files)
```

注意，在读取文件时，务必使用二进制模式（'rb'），因为只有这样，获取的字节长度才是文件的长度。

2. HTTP 响应头

HTTP 响应头中包含很多有用的信息，很多被测系统会将一些身份信息或验证信息保存在 HTTP 响应头中，所以接口测试不可避免地涉及 HTTP 响应头的处理。前面讲过，HTTP 状态码是 HTTP 请求返回值的重要组成部分，requests 库对它们做了便捷的封装，如代码清单 4-53 所示。

代码清单 4-53

```
1    url = 'http://127.0.0.1:12356'
2    res_index = requests.get(url)
3    if res_index.status_code == requests.codes.ok:
4        print(requests.codes.ok)
5    print(res_index.text)
6    print(res_index.status_code)
7    print(res_index.headers)
```

requests 库还为 HTTP 状态码封装了一个查询对象，这样就可以更方便地进行引用了，尤其是在使用断言进行测试时，可以让测试代码更加易读、易理解。在交互过程中，如果存在标记错误的 HTTP 状态码，requests 库将会通过 raise_for_status() 函数将它们以类似异常的形式抛出。requests 库中有关 HTTP 响应头的其他内容可以通过 headers 直接获取，比如在上面的代码清单 4-53 中，使用 print(res_index.headers) 就可以直接输出响应的头信息。但是，根据 RFC 2616 标准，HTTP 头是不区分大小写的，因此在操作响应的头信息时可以随意使用大小写，如代码清单 4-54 所示。

代码清单 4-54

```
1    print(res_index.headers['Content-Type'])
2    print(res_index.headers['content-type'])
3    print(res_index.headers.get('Content-Type'))
4    print(res_index.headers.get('content-type'))
```

上述代码运行后输出的结果都是 "text/html; charset=UTF-8"。测试工程师经常操作的 HTTP 响应头是 Cookie，在写接口测试时，可以获取前一个请求的 Cookie，这样后续请求就可以利用已有的 Cookie 和服务器进行交互了。代码清单 4-55 展示了如何获取响应的 Cookie。

代码清单 4-55

```
print(res_login.cookies['username'])
```

在得到对应的 Cookie 后，在后续请求中如果想继续使用，那么可以通过代码清单 4-56 来完成。

代码清单 4-56

```
1  cookies = res_index.cookies
2  res_login = requests.post(url_login,cookies = cookies,data=json.dumps(payload))
```

requests 库中封装了 RequestsCookieJar 类，因此上述代码中的 cookies 就是 RequestsCookieJar 实例。RequestsCookieJar 类的用法和字典类似，这是在接口测试中针对一些验证类的最常用封装。我们也可以自己封装 Cookie，然后传给 requests 库。在很多模拟用户登录状态的接口测试中，这是常用方法之一。RequestsCookieJar 类的具体用法如代码清单 4-57 所示。

代码清单 4-57

```
1  cookie_jar = requests.cookies.RequestsCookieJar()
2  cookie_jar.set('JSESSIONID', '23A15FE6655327749BC822A79CF77198', domain=
       '127.0.0.1', path='/')
3  url = 'http://127.0.0.1:12356'
4  r = requests.get(url, cookies=cookie_jar)
```

读者如果参与过一些自动化 UI 测试或性能测试，那么肯定会对超时很有感触。在自动化流程中，如果没有加入超时，那么很多时候就要等系统默认超时，这往往要等很久。在接口自动化测试中，超时也是常用设置，requests 库对于设置超时也进行了封装，具体用法如代码清单 4-58 所示。

代码清单 4-58

```
res_github=requests.get('http://github.com',timeout=0.001)
```

运行后，输出结果如下。

```
raise ReadTimeout(e, request=request)
requests.exceptions.ReadTimeout: HTTPConnectionPool(host='bjproxy2.cicc.group',
    port=8080): Read timed out. (read timeout=0.001)
```

timeout 只对连接过程有效，而与响应体的下载无关。timeout 并不是针对响应的下载时间限制，而是为了当服务器没有在指定的时间内应答时触发异常（更确切地说，是当服务器没有在指定的时间内从基础套接字接收到任何字节的数据时）。

4.2.3 响应的处理

基于 HTTP 的服务通过请求和响应来完成系统对外提供服务的功能,接口自动化测试中经常用到的请求部分已经讲完了,接下来讲述响应部分。对于响应部分,requests 库可以推测编码格式,然后展示对应的响应体内容(见代码清单 4-59)。

代码清单 4-59

```
1    url = 'http://127.0.0.1:12356'
2    res_index = requests.get(url)
3    print(res_index.encoding)
```

上述代码运行后,就会输出 UTF-8 到控制台。在编写自动化接口测试脚本的过程中,有时需要设定一些特殊的编码格式来识别一些返回值,通过 res_index.encoding 设置新的编码格式,这样后面就可以使用新的编码格式来进行交互了。在交互过程中,如果需要用到前序交互的编码格式,那么可以在 res_index.content 中进行查找;如果存在对非文本内容的请求,那么 requests 库可以自动完成交互,比如打开一张图片,我们通过代码清单 4-60 就可以解决相应的问题。

代码清单 4-60

```
1    from PIL import Image
2    from io import BytesIO
3    i = Image.open(BytesIO(r.content))
```

针对响应内容格式的不同,requests 库提供了不同的响应内容处理方式。如果返回的是 JSON 格式,那么由于 requests 库内置了 JSON 解释器,因此可以直接通过 res_index.json 进行处理;如果需要来自服务器的原始套接字,那么可以通过 r.raw 来获取。具体用法如代码清单 4-61 所示。

代码清单 4-61

```
1    url = 'http://127.0.0.1:12356'
2    res_index = requests.get(url)
3    print(res_index.encoding)
4    print(res_index.json())
```

```
5    res_index = requests.get(url,stream=True)
6    print(res_index.raw)
```

上面介绍了 requests 库的基础功能，对于 requests 库的高级功能，读者可以从官网查询。

4.3　为什么要搭建团队自己的测试框架

第 3 章讲述了如何使用 Postman 完成接口测试。随着接口测试项目逐渐增加，我们发现脚本越来越难以管理，虽然测试工具导出的测试脚本也可以存放到代码仓库中，但是如果仅仅通过代码来查看，脚本通常很难看懂。我们必须使用原来的测试工具打开脚本，才能弄清楚脚本到底执行了什么操作。

另外，Postman 有自身的局限性，其中最重要的一点就是 Postman 支持的接口协议有限。如果接到 Postman 无法完成的接口类型的测试任务，我们将不得不去寻找其他工具。由于接口的多样性和可变性，因此将会有大量工具需要维护，这无疑提高了团队内部的学习成本和技术投入成本。Postman 如此，其他工具亦如此。随着接口测试项目以及被测接口的类型不断增加，工具的维护难度也会不断提高。因此，搭建团队自己的测试框架非常重要。

接下来，我们将一起使用 Python 3.7 完成接口测试，并通过不断优化和封装测试脚本，搭建起一套完全适合团队自身的接口测试框架。当然，本书不会列出所有代码，因为我们的重点在于从不同的流水线式的测试脚本中抽象出搭建测试框架的技巧和思路。

在搭建测试框架时，不要纠结于技术选型，更不要以研发工程师的技术栈作为标准，而应根据团队的技术实力和技术功底来做出选择，这是因为研发工程师和测试工程师关注的点以及交付目标是不同的。

❑　对于任何研发工程师来说，他们的主要工作就是通过写代码实现产品需求或原型设计。研发工程师关心高并发、低消耗、分布式、多冗余，并且相对来说，他们更加关注代码的性能和可靠性。

❑　测试工程师无论使用自动化的接口测试，还是进行基于界面的手动测试，第一目标都
　　是保障交付项目的质量，业务侧的表现在大多数情况下不是测试工程师工作的重点。

因此，研发工程师在技术栈的使用频度和使用广度上都远超测试工程师，除非团队本来就
有相应的知识储备。为了提高工作效率，使用团队熟悉的技术栈完成自动化接口测试就可以了。
这里强调一下，无论用什么技术栈写代码，它们都只是帮助团队实现接口测试的手段，而不是
为了测试团队交付的成果。

4.3.1　搭建前的准备工作

下面使用 requests 库进行前面利用 Postman 工具完成的接口测试。我们将会列出重要的代
码，这些代码都是可以直接运行的。即使团队的代码能力较弱，测试工程师也不用担心，因为
这些代码只需要复制到安装了 Python 的计算机上，就可以直接使用了。对于第 1 个接口，单
接口测试脚本如代码清单 4-62 所示，我们在代码中已经提供详细的注释，这些注释能够帮助
大家理解代码的作用。另外，代码可以复制并直接运行。利用代码清单 4-62，我们可以完成
对无参数的、GET 访问方式的验证。

代码清单 4-62

```
1    # 必须导入 requests 库，因为只有这样才能在代码中使用 requests 库中的类和成员函数
2    import requests
3    # 创建 url_index 变量，在其中存储 Battle 系统首页的 URL
4    url_index='http://127.0.0.1:12356/'
5    # 调用 requests.get()方法，访问 url_index 中存储的 URL 并将返回的结果保存到 response_index 中
6    response_index =requests.get(url_index)
7    # response_index 对象的 text 属性存储了访问 Battle 系统首页后的响应内容
8    print('响应内容：' + response_index.text)
```

要测试的第 2 个接口是登录接口，登录接口是以 POST 方式访问的，并且需要传入 username
和 password 两个参数，这两个参数都是字符串类型，它们的长度不可以超过 10 个字符，并且
不能为空，如代码清单 4-63 所示。

代码清单 4-63

```
1    # 必须导入 requests 库，因为只有这样才能在代码中使用 requests 库中的类和成员函数
```

```
2    import requests
3    # 创建 url_login 变量,在其中存储 Battle 系统的登录 URL
4    url_login = 'http://127.0.0.1:12356/login'
5    # username 变量用来存储用户名
6    username = 'criss'
7    # password 变量用来存储密码
8    password = 'criss'
9    # 拼凑 body
10   payload = 'username=' + username + '&password=' + password
11   # 调用 requests.post()方法,可通过访问 url_login 并将 payload 赋值给 data 来完成参数的传递
12   response_login = requests.post(url_login, data=payload)
13   # response_index 对象的 text 属性存储了访问登录接口后的响应内容
14   print('Response 内容: ' + response_login.text)
```

通过对比代码清单 4-62 和代码清单 4-63 可以发现,里面有很多代码是重叠在一起的,这两个代码清单的结构十分相似,但它们又存在明显的不同。

4.3.2　开始打造测试框架

请回顾一下在进行接口测试时 Postman 这类工具是如何帮助我们完成测试任务的。在使用 Postman 进行接口测试时,重点要做的是构建访问路由和请求参数,其他工作是由工具完成的。在整个测试过程中,Postman 相当于访问服务器的客户端,和浏览器一样,Postman 承担的角色就是全部访问的发起方。

那么在写接口测试脚本时,是不是也可以把一些公共操作抽象到文件中呢?如果可以,只需要拼凑路由、设计请求入参就可以完成接口测试了。基于上述思路,我们不妨改造一下之前的脚本。

首先,定义一个名为 Common 的公共类,如代码清单 4-64 所示。Common 类对公共方法做了封装,用于完成对 GET 或 POST 访问方式的验证,并且和被测业务无关。

代码清单 4-64

```
1    # 定义 Common 类,object 是其父类,事实上,object 类是所有类的父类
2    class Common(object):
```

```
3        # Common 类的构造函数
4        def __init__(self):
5                # 被测系统的根路由
6                self.url_root = 'http://127.0.0.1:12356'
7        # 封装自己的 GET 请求，uri 是访问路由；params 是 GET 请求的参数，如果没有，默认为空
8        def get(self, uri,params=''):
9                # 拼凑访问地址
10               url = self.url_root + uri + params
11               # 通过 GET 请求访问对应的地址
12               res =requests.get(url)
13               # 返回请求的响应结果
14               return res
15       # 封装自己的 POST 请求，uri 是访问路由
16       # params 是 POST 请求需要传递的参数，如果没有参数需要传递，params 可以设置为空
17       def post(self, uri,params=''):
18               # 拼凑访问地址
19               url = self.url_root +uri
20               if len(params) > 0:
21               # 如果有参数，那么通过 POST 方式访问对应的 URL，然后将参数赋值给 data 并返回响应结果
22                   res = requests.post(url,data=params)
23               else:
24                   # 如果没有参数，访问方式如下
25                   res = requests.post(url)
26                   return res
```

然后，使用封装了公共方法的 Common 类，修改前面第 1 个接口的单接口测试脚本，如代码清单 4-65 所示。

代码清单 4-65

```
1    # 导入 requests 库，因为只有这样才能在代码中使用 requests 库中的类和成员函数
2    from common import Common
3    # Battle 系统首页的路由
4    uri = '/'
5    # 实例化自己的 Common 对象
6    comm = Common()
7    # 调用在 Common 对象中封装的 get()方法 ，将返回的结果保存到 response_index 中
8     response_index =comm.get(uri)
```

```
9    # response_index 对象的 text 属性存储了访问 Battle 系统首页后的响应内容
10   print('响应内容: ' + response_index.text)
```

从这段代码可以看出，与前面对应的单接口测试脚本相比，代码的行数明显减少了。关于 HTTP 的任何操作，都可以在 Common 类中进行修改和完善。

下面使用 Common 类（业内称"轮子"，这源于编程领域的一句俚语"不要重复造轮子"，Common 类就相当于可供不同测试代码使用的"轮子"）修改登录接口的单接口测试脚本，如代码清单 4-66 所示。

代码清单 4-66

```
1    # 登录页面的路由
2    uri = '/login'
3    # username 变量用来存储用户名
4    username = 'criss'
5    # password 变量用来存储密码
6    password = 'criss'
7    # 拼凑 body
8    payload = 'username=' + username + '&password=' + password
9    comm = Common()
10   response_login = comm.post(uri,params=payload)
11   print('Response 内容: ' + response_login.text)
```

随着逐渐积累更多复杂业务逻辑的测试脚本，对于将一些代码通过抽象加以封装的好处，读者就更容易理解了。这就是那些曾经让很多人羡慕不已的框架诞生的过程。通过分析和观察可以看出，对于第一个和第二个接口，单接口测试脚本存在相同的部分，我们可以对这些相同的部分进行合并和抽象，从而增强代码的可读性和可维护性，同时这可以减少脚本的数量。利用本书介绍的搭建方法，所有人都可以打造出适合自己的测试框架。

4.3.3　使用新框架完成多接口测试

前面仅仅做了最简单的封装，我们就取得很大的进步。随着越来越多的脚本被写出，脚本中将会出现新的重叠部分，这时如果能不断加以改进，最终就能得到完全适合团队自身的测试框架，而且对于测试框架中的每一个类和函数，团队内部都会非常熟悉。这样当碰到难以解决的问题时，团队内部就有能力通过修改测试框架来解决了。测试框架实际上变成了团队用于接口测试的工具箱。

那么如何使用搭建的测试框架完成多接口测试中的业务逻辑测试呢？下面继续以 Battle 系统作为 SUT（被测系统），完成"正确登录系统后，选择武器，与敌人决斗，杀死敌人"这样的测试逻辑，如代码清单 4-67 所示。

代码清单 4-67

```
1    # 必须导入 requests 库，因为只有这样才能在代码中使用 requests 库中的类和成员函数
2    from common import Common
3    # uri_index 变量用于存储 Battle 系统首页的路由
4    uri_index = '/'
5    # 实例化自己的 Common 对象
6    comm =Common()
7    # 调用在 Common 对象中封装的 get()方法 ，将返回的结果保存到 response_index 中
8    response_index= comm.get(uri_index)
9    # response_index 对象的 text 属性存储了访问 Battle 系统首页后的响应内容
10   print('响应内容：' + response_index.text)
11   # uri_login 变量用于存储 Battle 系统登录页面的路由
12   uri_login = '/login'
13   # username 变量用于存储用户名
14   username = 'criss'
15   # password 变量用于存储密码
16   password = 'criss'
17   # 拼凑 body
18   payload = 'username=' + username + '&password=' + password
19   comm = Common()
20   response_login = comm.post(uri_login,params=payload)
21   print('响应内容：' + response_login.text)
22   # uri_selectEq 变量用于存储选择的武器
23   uri_selectEq = '/selectEq'
24   # equipmentid 变量用于存储武器的编号
25   equipmentid = '10003'
26   # 拼凑 body
27   payload = 'equipmentid=' + equipmentid
```

```
28    comm = Common()
29    response_selectEq = comm.post(uri_selectEq,params=payload)
30    print('响应内容: ' + response_selectEq.text)
31    # uri_kill 变量用于存储杀敌的 URI 地址
32    uri_kill = '/kill'
33    # enemyid 变量用于存储敌人的编号
34    enemyid= '20001'
35    # 拼凑 body
36    payload = 'enemyid=' + enemyid + "&equipmentid=" + equipmentid
37    comm = Common()
38    response_kill = comm.post(uri_kill,params=payload)
39    print('Response 内容: ' + response_kill.text)
```

仔细观察代码清单 4-67 中的每一行代码以及对应的注释，是不是觉得还有一些可以优化的地方？代码清单 4-67 中重复出现了对 Common 类的调用，这些代码其实是可以合并的。同时，观察 Common 类的内部，语句 self.url_root = 'http://127.0.0.1:12356' 值得商榷，因为如果这样写，Common 类就只能用于测试 Battle 系统了，除非每次使用时都修改框架。在实践中，任何框架的维护者肯定都不希望框架和具体的逻辑强相关，因此这也是需要优化的地方。按照上面的思路对代码清单 4-67 进行优化，结果如代码清单 4-68 所示。

代码清单 4-68

```
1     # 必须导入 requests 库，因为只有这样才能在代码中使用 requests 库中的类和成员函数
2     from common import Common
3     # uri_index 变量用于存储 Battle 系统首页的路由
4     uri_index = '/'
5     # 实例化自己的 Common 对象
6     comm =Common('http://127.0.0.1:12356')
7     # 调用在 Common 对象中封装的 get()方法，将返回的结果保存到 response_index 中
8     response_index = comm.get(uri_index)
9     # response_index 对象的 text 属性存储了访问 Battle 系统首页后的响应内容
10    print('响应内容: ' + response_index.text)
11    # uri_login 变量用于存储 Battle 系统登录页面的路由
12    uri_login = '/login'
13    # username 变量用于存储用户名
14    username ='criss'
```

```
15   # password 变量用于存储密码
16   password = 'criss'
17   # 拼凑 body
18   payload = 'username=' + username +'&password=' + password
19   response_login = comm.post(uri_login,params=payload)
20   print('响应内容：'+ response_login.text)
21   # uri_selectEq 变量用于存储选择的武器
22   uri_selectEq = '/selectEq'
23   # equipmentid 变量用于存储武器的编号
24   equipmentid= '10003'
25   # 拼凑 body
26   payload ='equipmentid=' + equipmentid
27   response_selectEq =comm.post(uri_selectEq,params=payload)
28   print('响应内容：' + response_selectEq.text)
29   # uri_kill 变量用于存储杀敌的 URI
30   uri_kill = '/kill'
31   # enemyid 变量用于存储敌人的编号
32   enemyid= '20001'
33   # 拼凑 body
34   payload = 'enemyid=' + enemyid + "&equipmentid=" + equipmentid
35   response_kill =comm.post(uri_kill,params=payload)
36   print('响应内容：'+ response_kill.text)
```

重新封装后的 Common 类如代码清单 4-69 所示。

代码清单 4-69

```
1    # 定义 Common 类，object 是其父类，事实上，object 类是所有类的父类
2    class Common(object):
3        # Common 类的构造函数
4        def __init__(self,url_root):
5            # 被测系统的根路由
6            self.url_root =url_root
7        # 封装自己的 GET 请求，uri 是访问路由；params 是 GET 请求的参数，如果没有，默认为空
8        def get(self, uri, params=''):
9            # 拼凑访问地址
10           url = self.url_root + uri + params
11           # 通过 GET 请求访问对应的地址
```

```
12          res = requests.get(url)
13          # 返回请求的响应结果
14          return res
15  # 封装自己的 POST 请求，uri 是访问路由
16  # params 是 POST 请求需要传递的参数，如果没有参数需要传递，params 可以设置为空
17  def post(self, uri,params=''):
18          # 拼凑访问地址
19          url = self.url_root +uri
20          if len(params) > 0:
21          # 如果有参数，那么通过 POST 方式访问对应的 URL，然后将参数赋值给 data 并返回响应结果
22              res = requests.post(url, data=params)
23          else:
24              # 如果无参数，访问方式如下
25              res = requests.post(url)
26              res = req
```

通过修改 Common 类的构造函数，我们将 Common 类改造成了一个通用类。现在，无论是哪个项目的接口测试，都可以使用 Common 类来完成了。测试框架的形成过程如图 4-6 所示。

图 4-6　测试框架的形成过程

测试框架是在撰写大量测试脚本的过程中通过不断抽象和封装形成的。测试框架在形成后，便可用其改写原来的测试脚本，然后再次进行抽象和封装，形成新的测试框架。不断重复上述过程，最终就能获得独一无二且完全适合团队自身的接口测试框架。

其实，从严格意义上讲，我们只编写了一些调试代码，还算不上测试框架。在将这些代码的所有返回值都输出到控制台之后，为了完成接口测试，我们需要时刻关注控制台，因而也没有实现自动化。Common 类只能算是一个辅助性的小工具。

测试工程师应该将全部测试结果都记录到测试报告中，并通过测试驱动框架完成对各个模块的驱动。这也是我们在学习任何一种框架时，总会遇到类似 Java 的 JUnit、Python 的 unittest 的原因。

4.4　unittest 详解

unittest 是集成在 Python 中的单元测试框架，作用与 Java 的 JUnit 类似。下面首先介绍 unittest 的一些基本概念。

- ❑ 测试用例（test case）：unittest 提供了一个名为 TestCase 的类，一个 TestCase 实例就是一个测试用例。对于每个 TestCase 实例来说，测试前准备环境的搭建是在 setUp() 方法中处理的，而测试代码的执行以及测试后环境的还原是在 tearDown() 方法中处理的。

- ❑ 测试套件（test suite）：测试用例的逻辑组合。将测试用例集中到一起，得到的就是测试套件，测试套件是可以相互嵌套的。unittest 提供了一个名为 TestSuite 的类，一个 TestSuite 实例就是一个测试套件。通过 TestLoader 将测试用例加载到测试套件中。

- ❑ TextTestRunner：用来执行测试用例，测试结果保存在 TextTestResult 中。通过第三方类库 HTMLTestRunner 将测试结果以图形化方式展示出来。

- ❑ 测试固件（test fixture）：为测试过程服务的一些方法，比如创建临时的数据库、搭建和销毁测试用例的执行环境等。

在开发自动化测试脚本时，需要首先创建 TestCase，然后通过 TestLoader 将 TestCase 加载到 TestSuite 中，最后通过 TextTestRunner 执行 TestSuite 并将测试结果保存到 TextTestResult 中。

图 4-7 展示了相关概念之间的关系。

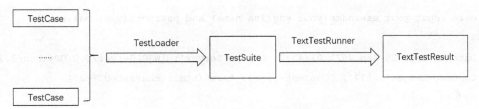

图 4-7　unittest 概念之间的关系

在执行 TestSuite 的过程中，如果将测试结果输出到文件中，就可以收集并展示更丰富美观的测试报告了。推荐使用第三方类库 HTMLTestRunner 来进行测试报告的展示。

TestCase 是使用 unittest 开发测试代码的基础，因此在编写测试用例时，第一步就是创建 TestCase 类的一个子类，如代码清单 4-70 所示。

代码清单 4-70

```
1    class TestIndex(TestCase):
2        def setUp(self) -> None:
3            return super().setUp()
4        def tearDown(self) -> None:
5            return super().tearDown()
6        def test_index(self):
7            url = 'http://127.0.0.1:12356'
8            res_index = requests.get(url)
9            print(res_index.text)
10           print(res_index.status_code)
11           print(res_index.headers)
```

在运行时，通过 unittest.main()对测试进行调用，如代码清单 4-71 所示。

代码清单 4-71

```
1    if __name__ == '__main__':
2        unittest.main()
```

运行结果如下。

```
D:\github_space\apitest_book> & C:/Users/Chenlei3/AppData/Local/Programs/Python/
  Python39/python.exe d:/github_space/apitest_book/4-3/test_index.py
--------get-------
```

```
please input your username(your english name) and password(your password)
200
{'Date': 'Wed, 29 Sep 2021 01:45:21 GMT', 'Server': 'WSGIServer/0.2 CPython/3.9.6',
 'Content-Length': '77', 'Content-Type': 'text/html; charset=UTF-8'}
.
----------------------------------------------------------------------
Ran 1 test in 0.007s
OK
```

从运行结果可以看出，唯一的测试用例已执行完，耗时 0.007s。在进行接口自动化测试时，我们提倡的理念是保持 SUT 落地前后一致。也就是说，测试前后的被测服务及数据最好没有变化，因为这样就可以让自动化测试永远有效。基于这种理念，优秀的测试工程师在设计测试脚本时，都会在执行测试用例之前通过测试代码建立自动化测试需要的基础数据、启动 Mock 服务等，并在完成测试后清理此次测试产生的相关数据、关闭 Mock 服务等。

上述理念需要测试框架的支持，unittest 提供的测试固件可以完美地解决问题，如代码清单 4-72 所示。

代码清单 4-72

```
1   #!/usr/bin/env python
2   # -*- coding: utf-8 -*-
3   '''
4   @File    :   test_1.py
5   @Time    :   2021/09/29 10:19:29
6   @Author  :   CrissChan
7   @Version :   1.0
8   @Site    :   https://blog.csdn.net/crisschan
9   @Desc    :   unittest Test Fixture
10  '''
11  from unittest import TestCase, main
12  import unittest
13  class TestOne(TestCase):
14      def setUp(self) -> None:
15          print('TestCase {} ready for running'.format(self))
16          return super().setUp()
```

```
17      def tearDown(self) -> None:
18          print('TestCase {} ready for stopping'.format(self))
19          return super().tearDown()
20      def test_one(self):
21          print('test_one is run')
22      def test_two(self):
23          print('test_two is run')
24  if __name__ == '__main__':
25      unittest.main()
```

运行结果如下。

```
TestCase test_one (__main__.TestOne) ready for running
test_one is run
TestCase test_one (__main__.TestOne) ready for stopping
.TestCase test_two (__main__.TestOne) ready for running
test_two is run
TestCase test_two (__main__.TestOne) ready for stopping
.
----------------------------------------------------------------------
Ran 2 tests in 0.002s
```

由此可见，每一个测试用例在执行前都会调用 setUp()方法，并在执行后调用 tearDown()
方法。因此，用来保障 SUT 测试前后一致的代码可以放到 setUp()和 tearDown()方法中。setUp()
和 tearDown()方法就是我们前面所说的测试固件。除 setUp()和 tearDown()方法之外，类级别的
setUpClass()和 tearDownClass()方法也是常用的测试固件。

TestSuite 是测试用例的集合，作用类似于 Postman 中的 Collections。有了 TestSuite，我们
就可以按照某种被测业务的方式将自动化的测试用例组织到一起，从而完成业务验证，如代码
清单 4-73 所示。

代码清单 4-73

```
1   from json import loads
2   import unittest
3   from test_caseone import TestOne
4   from test_index import TestIndex
5   from test_login import TestLogin
```

```
6    suite = unittest.TestSuite()
7    loader = unittest.TestLoader()
8    # 方法 1：将 TestCase 逐个加载到 TestSuite 中
9    case1 = TestOne('test_one')
10   suite.addTest(case1)
11   # 方法 2：以列表的方式将多个 TestCase 加载到 TestSuite 中
12   cases_list = [TestOne('test_two'),TestIndex('test_index')]
13   suite.addTests(cases_list)
14   # 方法 3：通过对象加载 TestCase
15   suite.addTest(loader.loadTestsFromTestCase(TestLogin))
```

要将 TestCase 加载到 TestSuite 中，除上述代码中展示的那 3 种之外，还可以使用 TestLoader
以导入模块的方式直接调用对应的测试用例所在 Python 代码的文件名。在完成 TestSuite 的设
计后，我们就可以进行测试了，此时 TextTestRunner 出场了，如代码清单 4-74 所示。

代码清单 4-74

```
1    from json import loads
2    import unittest
3    from test_caseone import TestOne
4    from test_index import TestIndex
5    from test_login import TestLogin
6    suite = unittest.TestSuite()
7    loader = unittest.TestLoader()
8    # 方法 1：将 TestCase 逐个加载到 TestSuite 中
9    case1 = TestOne('test_one')
10   suite.addTest(case1)
11   # 方法 2：以列表的方式将多个 TestCase 加载到 TestSuite 中
12   cases_list = [TestOne('test_two'),TestIndex('test_index')]
13   suite.addTests(cases_list)
14   # 方法 3：通过对象加载 TestCase
15   suite.addTest(loader.loadTestsFromTestCase(TestLogin))
16   runner=unittest.TextTestRunner(verbosity=2)
17   runner.run(suite)
```

在 TestSuite 代码的基础上，添加对 TextTestRunner 的调用之后，我们就可以执行测试用
例了。其中，verbosity 参数用来控制信息的输出级别，如表 4-2 所示。

表 4-2 verbosity 参数的取值及含义

取值	含义
0	不输出每个测试用例的执行结果，仅输出总的测试数和执行结果
1	默认值，每个执行成功的测试用例前会有 "."，每个执行失败的测试用例前会有 "F"
2	输出每个测试用例详细的执行结果

执行测试用例后，测试结果将被直接输出到控制台，这不仅方便快捷，而且十分直观。不过，为了更好地支持持续测试，我们也可以将测试结果输出到 HTML 文件中并展示出来，这可以通过使用第三方扩展库 HTMLTestRunner 来实现，如代码清单 4-75 所示。

代码清单 4-75

```
1   from json import loads
2   import unittest
3   from HTMLTestRunner import HTMLTestRunner
4   from test_caseone import TestOne
5   from test_index import TestIndex
6   from test_login import TestLogin
7   suite = unittest.TestSuite()
8   loader = unittest.TestLoader()
9   # 方法 1：将 TestCase 逐个加载到 TestSuite 中
10  case1 = TestOne('test_one')
11  suite.addTest(case1)
12  # 方法 2：以列表的方式将多个 TestCase 加载到 TestSuite 中
13  cases_list = [TestOne('test_two'),TestIndex('test_index')]
14  suite.addTests(cases_list)
15  # 方法 3：通过对象加载 TestCase
16  suite.addTest(loader.loadTestsFromTestCase(TestLogin))
17  # HTML 报告
18  runner = HTMLTestRunner(stream=open("report.html", "wb"),# 打开测试报告
19                          description="接口测试报告",        # 测试报告中显示的描述信息
20                          title="接口测试报告")             # 测试报告中显示的标题
21  runner.run(suite)
```

运行后得到的测试报告如图 4-8 所示。

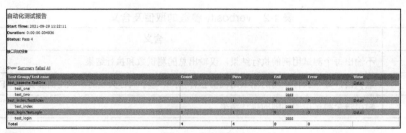

图 4-8　测试报告

至此，unittest 的 4 个基本概念就介绍完了，但在实际工作中，将接口自动化测试投入工程应用后，仅仅依靠前面测试代码中的 print 语句来检查结果是否正确是很难实现的。为此，我们需要在测试代码中引入断言，unittest 提供了表 4-3 所示的断言方法。

表 4-3　unittest 提供的断言方法

断言方法	作用
assertEqual(a, b,msg=None)	判断 a 是否等于 b
assertNotEqual(a, b,msg=None)	判断 a 是否不等于 b
assertTrue(x,msg=None)	判断 x 是否为真
assertFalse(x,msg=None)	判断 x 是否为假
assertIs(a, b,msg=None)	判断 a 和 b 是否为同一个对象
assertIsNot(a, b,msg=None)	判断 a 和 b 是否不为同一个对象
assertIsNone(x,msg=None)	判断 x 是否为 None
assertIsNotNone(x,msg=None)	判断 x 是否不为 None
assertIn(a, b,msg=None)	判断 a 是否为 b 的子集
assertNotIn(a, b,msg=None)	判断 a 是否不为 b 的子集
assertIsInstance(a, b,msg=None)	判断 a 是否为 b 的实例
assertNotIsInstance(a, b,msg=None)	判断 a 是否不为 b 的实例

断言可以帮助我们判断返回结果和预期结果是否一致。unittest 提供了很多断言来检查不同的条件是否满足。如果断言失败，就会报出 AssertionError 错误信息；如果成功，则标记为通过。观察表 4-3，所有断言方法的 msg 参数默认都是 None（msg = None），我们也可以指定 msg 参数的值，从而指定断言失败时报出的错误信息。

4.5 小结

对于界面测试和自动化界面测试,大家都能区分清楚;但是对于接口测试和自动化接口测试,很多人就难以区分了。接口测试是指针对接口设计测试用例并完成测试。自动化接口测试是指能够自动完成接口测试执行的测试活动,其中包含接口测试和自动化执行两方面。

❑ 接口测试:在依托测试技术模拟协议客户端行为的基础之上,按照测试用例设计方法完成接口入参的设计,然后与被测服务器端进行交互并验证结果是否满足预期的测试行为。

❑ 自动化执行:能够提供按迭代、定时及按需方式完成无人或很少有人直接参与的测试活动。

因此,我们必须先实现接口测试,再推动接口测试执行的自动化,从而实现自动化接口测试,进而为持续集成、持续交付、持续部署乃至持续测试提供技术上实现的可能性。

第 5 章　接口测试框架进阶

我们已经掌握了 Python 语言的基础知识，这为我们深入学习接口自动化测试奠定了坚实的基础。在此基础上，我们已经开始接触接口自动化测试方面的一些技术，其中包括 requests 库、接口测试脚本的编写方法、unittest 框架的基本使用方法及关键技术等。本书前面介绍的是基础的 HTTP 接口测试，但在实际工作中，我们遇到的往往不止 HTTP 接口，本章就探讨我们可能遇到的实际情况。

5.1 支持 RESTful 风格的接口

5.1.1 RESTful 是什么

HTTP 协议的原创作者 Roy Thomas Fielding 在其博士论文 "Architectural Styles and the Design of Network-based Software Architectures" 中提出，"我写这篇论文的目的，就是希望在符合架构原理的前提下，通过理解和评估以网络为基础的应用软件的架构设计，得到一种功能强、性能好且适于通信的架构。REST 指的是一组架构约束条件和设计原则。"

根据上面的描述，我们将符合 REST（Representational State Transfer，表述性状态转移）约束的架构称为 RESTful 架构。RESTful 由于是面向资源接口设计的并且操作抽象，因此能简化开发人员的不良设计，同时最大限度地利用 HTTP 最初的应用协议设计理念。要想理解 RESTful，我们就必须掌握资源、表现层和状态转移这 3 个概念。

1. 资源

这里的资源是指网络上的实体或具体信息，如一段文本、一幅图片、一个多媒体文件或一种可以提供的服务。资源是通过 URI（Uniform Resource Identifier，统一资源标识符）进行标识的，要想和资源进行交互，只需要访问资源对应的 URI 就可以了，示例如下。

- http://127.0.0.1/v1/news：获取新闻。

- http://127.0.0.1/v1/group：获取群组列表。

- http://127.0.0.1/v1/profile：获取个人的详细信息。

2. 表现层

资源有多种表现形式，具体如何展示是由表现层控制的。例如，数据既可以使用 JSON 来描述，也可以使用 XML 来描述。在 RESTful 服务中，表现层控制着服务器和客户端之间资源的传递形式，比如使用 JSON 和 XML 传输文本，而使用 JPG、WebP 格式传输图片等。当然，通过 HTTP 传输的数据也可以压缩。

3. 状态转移

当我们通过网络和网页发生交互时，就会产生交互式且流程化的信息传递，而在信息传递过程中，必然会有数据和状态的变化，这就是状态转移，状态转移是在表现层之上完成的。在状态转移过程中，我们会用到 HTTP 的以下 4 种基本操作。

- GET 操作：用来获取资源。

- POST 操作：用来新建或更新资源。

- PUT 操作：用来更新资源。

- DELETE 操作：用来删除资源。

提倡使用的方式如下。

- DELETE http://127.0.0.1/v1/group：删除群组。

❏ POST http://127.0.0.1/v1/friends：添加群组。

❏ UPDATE http://127.0.0.1/v1/profile：更新个人信息。

不提倡或不允许使用的方式如下。

http://api.pr.com/v1/deleteGroup

另外，RESTful 要求 HTTP 状态码必须能够传递出服务器的状态信息。例如，常用的 HTTP 状态码 200 表示成功，500 表示服务器内部错误。

5.1.2　RESTful 接口测试

RESTful 风格的接口与测试工程师有什么关系呢？要想真正理解 RESTful 风格的接口与测试工程师的关系，就必须先弄清楚 RESTful 风格的接口有什么优点。如果您用螺丝、钉子和板材等一系列原材料组装过家具，那么肯定看到过各种千奇百怪的螺丝，比如一字螺丝、十字螺丝、三角螺丝、六角螺丝等。为了加固这些各式各样的螺丝，您需要准备各式各样的螺丝刀。因此，您的工具箱会被不同规格和大小的螺丝刀填满。不知道您是不是和作者一样，面对塞满螺丝刀的、乱七八糟的工具箱，心里也会非常烦躁。后来，作者在商场看到一款螺丝刀，它虽然只有一个刀柄，但提供了包含各种形状和大小的一整套螺丝刀刀头。这样在使用时，只需要根据螺丝的规格，选择相同形状的螺丝刀刀头就可以了。与此同时，将它们放在工具箱里又显得十分整齐。如果后面需要使用其他特殊形状的螺丝刀，那么只需要购买与刀柄连接口一样的螺丝刀刀头就可以了，而不用再买一款螺丝刀。

如果您理解了上述场景，那么应该也能够很好地理解 RESTful 风格的接口。REST 指的是一组架构约束条件和设计原则，其本质是为了让访问者依据 URI 就可以找到资源，然后通过简单的输入和输出完成与服务的交互。

REST 所约束的每一个 URI 都是独一无二的资源，可通过 HTTP 方法进行资源操作，实现表现层的状态转移。这就像螺丝刀刀头一样，待解决的问题就像螺丝，每一个接口只面向一种特定的资源，而不用管其他接口的处理方式，这样您就能够一目了然地知道该用哪种螺丝刀刀头固定哪种螺丝了，从而降低接口开发的复杂度。

软件开发人员只需要遵循 RESTful 规范并按照一定的内部定义开发外部接口，就能形成像螺丝刀刀头一样轻便的接口并对外提供服务。现在的很多项目中，无论是服务器端和服务器端的调用，还是前端和服务器端的调用，通常会采用 RESTful 风格来设计接口。

对于测试工程师来说，RESTful 风格的接口使用的仍是之前的访问模式，它们同样是 HTTP 接口，并且同样可以使用我们之前封装的框架来完成接口测试任务。但是，RESTful 接口测试与前面讲过的 HTTP 接口测试是有一些区别的，因而我们需要对现有的框架做一些修改，以便更好地支持 RESTful 接口测试。

现在，您明白了 RESTful 接口测试和 HTTP 接口测试有很大的关系，那么 RESTful 接口测试和 HTTP 接口测试又有什么区别呢？两个关键点——数据交换的承载方式和操作方式需要特别关注。

下面我们先讲讲数据交换的承载方式。RESTful 风格的接口主要以 JSON（JavaScript Object Notation）格式进行数据交换。回顾前面一直作为 SUT（被测系统）使用的 Battle 系统，您一定在 Battle 系统的 Readme.md 文件中看到过请求正文和响应正文中有关数据部分的一些定义，那就是 JSON。虽然 Battle 系统并不算严格使用 RESTful 接口，但是在数据交换的承载方式上，Battle 系统模仿了 RESTful 风格。

下面我们再讲讲数据交换的操作方式。在 Battle 系统中，我们仅仅使用了 HTTP 的 GET 和 POST 两种基本操作；但在 RESTful 风格的接口中， HTTP 的 4 种基本操作都会被用到，比如，GET 操作用来获取资源，POST 操作用来新建或更新资源，PUT 操作用来更新资源，DELETE 操作用来删除资源等。

在弄清楚 RESTful 风格的接口和普通的 HTTP 接口的区别后，大家需要想一想自己的框架需要添加什么内容才能支持 RESTful 风格的接口。内容的添加方法有两种——借助外力或自行封装。在这里，对于第一个 RESTful 风格的接口来说，数据交换的承载方式是 JSON，Battle 系统使用的数据格式也是 JSON，虽然全部操作都是参数拼凑的过程，但这足以满足需求。

　　这时，如果还需要拼凑更多复杂的数据，就需要使用 JSON 字符串并进行对象实体的转换。JSON 是一种轻量级的数据交换格式，不仅相对简捷，而且可以清晰地描述数据的结构和类型。JSON 格式的数据既能让人轻松地阅读，又方便机器解析和网络传输。在 HTTP 中，如果要传输 JSON 格式的数据，那么 MIME 类型必须是"application/json"）。对象实体的转换也就是对象实体的序列化和反序列化。在接口测试过程中，我们很多时候遇到的入参以及返回的参数是 JSON 格式的，但 JSON 格式的字符串在代码中并不是以字符串的方式进行处理的，而需要转换成一些特有的对象以完成一些内部操作，这个过程就称为序列化和反序列化。那么，序列化和反序列化到底是什么意思呢？下面我们用生活中的一个小例子进行解释。

　　假设您在商场里看中一款衣柜，但这款衣柜很大，为了方便运输，需要将其拆成可以重组的零件，等送到家里后再重新组装。您和商家商量后，决定由商家将这款衣柜拆成可以重组的零件并送到您家里，然后由您自己重新组装。商家把衣柜拆成各个零件并打包的过程就是"序列化"，在代码中相当于把一些对象转换成 JSON 等格式的字符串；而由您使用这些零件重新组装衣柜的过程就是"反序列化"，在代码中相当于把 JSON 等格式的字符串转换成对象。

- ❑ 序列化：将对象转换为便于传输的格式。

- ❑ 反序列化：将序列化的数据恢复为对象。

　　在 Python 中，序列化是指将 Python 对象转换成 JSON 格式的字符串，反序列化则是指将 JSON 字符串转换回 Python 对象。Python 为此提供了 JSON 库，在通过 JSON 库进行序列化后，列表或字典就会转换成字符串类型；在进行反序列化后，JSON 字符串则会转换成列表或字典。下面介绍如何使用 JSON 库进行序列化和反序列化，我们以在 CSDN 网站上搜索性能关键字后返回的 JSON 字符串为例（可以看到头信息中包含"application/json"），如代码清单 5-1 所示。

代码清单 5-1

```
1    #!/usr/bin/env python
2    # -*- coding: utf-8 -*-
3    '''
4    @File   :   5-1.py
5    @Time   :   2021/10/08 13:29:56
```

```
6    @Author   :  CrissChan
7    @Version  :  1.0
8    @Site     :  https://blog.csdn.net/crisschan
9    @Desc     :  None
10   '''
11   import json
12   res= '{"result":0,"data":[{"word":"\u6027\u80fd\u6d4b\u8bd5"},{"word":"\u6027\
         u80fd"},{"word":"\u6027\u80fd\u4f18\u5316"},{"word":"\u6027\u80fdce"},
         {"word":"\u6027\u80fdc"}],"msg":"\u6210\u529f"}'
13   print('反序列化: ')
14   dict = json.loads(res)
15   print(dict)              #输出反序列化的 dict
16   print(type(dict))        #输出 dict 的类型
17   print('序列化: ')
18   ser=json.dumps(dict)
19   print(ser)              #输出序列化的 ser
20   print(type(ser))         #输出 ser 的类型
```

运行结果如下。

```
反序列化:
{'result': 0, 'data': [{'word': '性能测试'}, {'word': '性能'}, {'word':
 '性能优化'}, {'word': '性能 ce'}, {'word': '性能 c'}], 'msg': '成功'}
<class 'dict'>
序列化:
{"result": 0, "data": [{"word": "\u6027\u80fd\u6d4b\u8bd5"}, {"word": "\u6027\u80fd"},
 {"word": "\u6027\u80fd\u4f18\u5316"}, {"word": "\u6027\u80fdce"}, {"word": "\u6027\
 u80fdc"}], "msg": "\u6210\u529f"}
<class 'str'>
```

　　为了让框架快速完成序列化和反序列化操作，建议在代码中导入 JSON 库。现在，我们已经可以借助开源库来解决数据交换的问题了。但是，RESTful 接口和普通的 HTTP 接口相比还有一个明显的区别，那就是 RESTful 接口规定了 HTTP 的每一个方法都必须做固定的事情，而我们原有框架中的 Common 类只支持 GET 和 POST 方法。因此，我们还需要在 Common 类中添加对 DELETE 和 PUT 方法的支持，如代码清单 5-2 所示。

代码清单 5-2

```
1    def put(self,uri,params=None):
2        '''
3        封装自己的 PUT 请求，uri 是访问路由，params 是 PUT 请求需要传递的参数，如果没有参数，
         就将 params 设置为 None
4        :param uri: 访问路由
5        :param params: 传递参数，String 类型，默认为 None
6        :return: 此次访问的响应
7        '''
8        url = self.url_root+uri
9        if params is not None:
10       # 如果有参数，就通过 PUT 方式访问对应的 URL 并将参数赋值给 requests.put，默认参数为 data
11       # 返回请求的响应结果
12         res = requests.put(url, data=params)
13       else:
14           # 如果没有参数，访问方式如下
15           # 返回请求的响应结果
16
17           res = requests.put(url)
18
19        return res
20
21   def delete(self,uri,params=None):
22       '''
23       封装自己的 DELETE 请求，uri 是访问路由，params 是 DELETE 请求需要传递的参数，如果没有参数
        需要传递的话，就将 params 设置为 None
24       :param uri: 访问路由
25       :param params: 传递参数，String 类型，默认为 None
26       :return: 此次访问的响应
27       '''
28       url = self.url_root + uri
29       if params is not None:
30       # 如果有参数，就通过 DELETE 方式访问对应的 URL 并将参数赋值给 requests.delete,默认参数为 data
31       # 返回请求的响应结果
32         res = requests.delete(url, data=params)
33       else:
```

```
34        # 如果没有参数，访问方式如下
35        # 返回请求的响应结果
36        res = requests.delete(url)
37    return res
```

从上述代码可以看出，为了实现 HTTP 的 PUT 和 DELETE 方法，我们自行封装了 put() 和 delete()函数。其实，为了实现 RESTful 风格的接口测试，只需要封装 HTTP 对应的方法就可以了，这样您的框架就能完美地支持 RESTful 风格的接口了。完成以上操作后，Common 类便既可以完成 HTTP 接口测试，也可以完成 RESTful 接口测试。

5.2　让框架快速支持陌生协议的接口测试

5.2.1　面对陌生协议的接口测试

我们已经讲过了 HTTP 接口测试以及 RESTful 接口测试的测试框架如何改造。随着技术的不断发展，在测试过程中我们会遇到各种协议的接口，面对一些第一次接触的协议，我们又该如何应对呢？作为一名测试工程师，在面对陌生协议的接口测试时，您是不是时常感到无助？当遇到这样的测试任务时，您的第一反应肯定是向研发工程师求助，因为研发工程师基于新协议已经完成了接口开发，向研发工程师求助显然是最好的办法。

当求助于研发工程师时，研发工程师往往会提供大量文档，如协议的说明文档、代码开发文档等，测试工程师需要从给出的文档开始慢慢学习，从协议的底层实现到最后的交互验证，这种做法虽然很可靠，但不是测试工程师快速开展工作的最佳途径。因为测试工程师不需要了解协议的底层原理，而只需要了解新的协议如何传输数据以及返回数据就可以开始测试工作了。也就是说，要想模拟客户端来验证服务器端的逻辑，开始接口测试的最佳途径不是去看协议的说明文档，而是直接去看研发工程师实现的客户端代码，如此才能更直接地解决问题。

在面对陌生的新协议时，测试工程师的首要任务就是测试接口的正确逻辑和错误逻辑是否满足最初的需求。因此，测试工程师需要快速掌握验证手段。在时间紧迫的情况下，如果仍然先学习新协议的基础知识，再学习新协议如何使用，那么测试工作将很难在要求的工期内完成，

而且我们在工作中也会手忙脚乱。这并不是说我们不需要学习新协议的基础知识，而是说我们应该先从解决实际问题的角度出发，直接拿到研发工程师的客户端调用代码，因为这样就可以快速完成测试工作了。在完成测试工作的后续时间里，我们可以再慢慢学习新协议的基础知识。需要注意的是，新协议的基础知识并非不重要，而是说在项目进行过程中，学习这些基础知识很多时候没有完成项目的质量保障工作重要。下面以 WebSocket 协议为例，详细介绍当第一次接触完全陌生的协议接口时，应如何完成接口测试工作。

5.2.2　使用 Fiddler 查看 WebSocket 协议的接口交互信息

使用 Fiddler 可以查看 WebSocket 协议的接口交互信息，为此，修改 Fiddler 中 Rules 菜单下的 Customize Rules，在其中添加代码清单 5-3 所示的代码。

代码清单 5-3

```
1   static function OnWebSocketMessage(oMsg: WebSocketMessage) {
2       // 在 Log 选项卡中记录消息
3       FiddlerApplication.Log.LogString(oMsg.ToString());
4   }
```

这样在 Fiddler 中就可以看到 WebSocket 协议的接口交互信息了。通过图 5-1 可以看到，

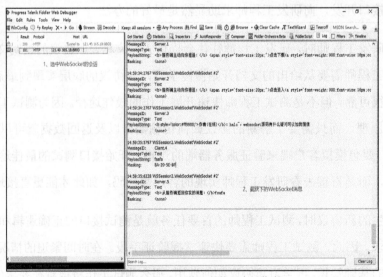

图 5-1　WebSocket 协议的接口交互信息

我们虽然找到了通过 Fiddler 截获 WebSocket 接口的方法，但截获的全部消息都在日志里，根本无法操作，因而使用 Fiddler 完成 WebSocket 接口测试的想法很难实现。但是，我们可以使用 Fiddler 分析 WebSocket 接口，这也和 Fiddler 最初的功能定位一致，那就是通过 Fiddler 辅助分析被测接口。

5.2.3　完成 WebSocket 接口测试以及扩展之前框架的功能

Python 提供了 WebSocket 的协议库，因此只要完成客户端调用代码的编写，就可以进行 WebSocket 接口测试了。代码清单 5-4 展示了一个 WebSocket 接口（以 http://www.websocket.org/demos/echo/为例）的调用代码。

代码清单 5-4

```
1   # 导入 WebSocket 的 create_connection 类
2   from websocket import create_connection
3   # 建立与 WebSocket 接口的连接
4   ws = create_connection("ws://echo.websocket.org")
5   # 输出发送的信息
6   print("发送 'Hello, World'...")
7   # 发送 "Hello, World"
8   ws.send("Hello, World")
9   # 将 WebSocket 的返回值存储到 result 变量中
10  result = ws.recv()
11  # 输出返回的结果
12  print("返回"+result)
13  # 关闭 WebSocket 连接
```

上述代码和 HTTP 接口的有些类似，都先和请求建立连接，之后再发送信息。区别是，WebSocket 由于是长连接，因此需要人为地建立和关闭连接，而 HTTP 不需要进行这种操作。我们要做的就是不断地编写测试脚本，然后抽象出 Common 类，随着 Common 类越来越丰富，便可形成私有的测试框架。WebSocket 的通用方法也需要放入 Common 类中。

在前面封装的 Common 类的构造函数中，添加一个 API 类型的参数，以指明操作的是什么协议的接口，参数值 http 代表 HTTP 接口，参数值 ws 代表 WebSocket 接口。WebSocket 是长连接，因此需要在 Common 类的析构函数中添加用于关闭 ws 连接的代码以释放 WebSocket 长连接。根据前面介绍的交互流程，实现代码参见代码清单 5-5。

代码清单 5-5

```
1   #!/usr/bin/env python
2   # -*- coding: utf-8 -*-
3   # 必须导入 requests 库，因为只有这样才能在代码中使用 requests 库中的类和成员函数
4   import requests
5   from websocket import create_connection
6
7
8   # 定义 Common 类，object 是其父类，事实上，object 类是所有类的父类
9   class Common(object):
10    # Common 类的构造函数
11    def __init__(self,url_root,api_type):
12      '''
13      :param api_type: 接口类型，http 代表 HTTP 接口，ws 代表 WebSocket 接口
14      :param url_root: 被测系统的根路由
15      '''
16      if api_type=='ws':
17        self.ws = create_connection(url_root)
18      elif api_type=='http':
19        self.ws='null'
20        self.url_root = url_root
21
22
23    # WebSocket 协议下消息的发送
24
25    def send(self,params):
26      '''
27      :param params: WebSocket 接口的参数
28
29      :return: 访问接口后的返回值
30      '''
31      self.ws.send(params)
32      res = self.ws.recv()
```

```
33        return res
34
35
36    # Common 类的析构函数，作用是清理无用的资源
37
38    def __del__(self):
39        '''
40        :return:
41        '''
42        if self.ws!='null':
43            self.ws.close()
44    def get(self, uri, params=None):
45        '''
46        封装自己的 GET 请求，uri 是访问路由；params 是 GET 请求的参数，如果没有，默认为 None
47        :param uri: 访问路由
48        :param params: 传递参数，String 类型，默认为 None
49        :return: 此次访问的响应
50        '''
51        # 拼凑访问地址
52        if params is not None:
53            url = self.url_root + uri + params
54        else:
55            url = self.url_root + uri
56        # 通过 GET 请求访问对应的地址
57        res = requests.get(url)
58        # 返回响应结果
59        return res
60    def post(self, uri, params=None):
61        '''
62        封装自己的 POST 请求，uri 是访问路由；params 是 POST 请求需要传递的参数
63        :param uri: 访问路由
64        :param params: 传递参数，String 类型，默认为 None
65        :return: 此次访问的响应
66        '''
67        # 拼凑访问地址
68        url = self.url_root + uri
69        if params is not None:
```

```
70      # 如果有参数,那么通过 POST 方式访问对应的 URL 并将参数赋值给 requests.post,默认参数为 data
71      # 返回请求的响应结果
72          res = requests.post(url, data=params)
73      else:
74          # 如果没有参数, 访问方式如下
75          # 返回请求的响应结果
76          res = requests.post(url)
77      return res
78  def put(self,uri,params=None):
79      '''
80      封装自己的 PUT 请求
81      :param uri: 访问路由
82      :param params: 传递参数, String 类型, 默认为 None
83      :return: 此次访问的响应
84      '''
85      url = self.url_root+uri
86      if params is not None:
87      # 如果有参数, 那么通过 PUT 方式访问对应的 URL 并将参数赋值给 requests.put, 默认参数为 data
88      # 返回请求的响应结果
89          res = requests.put(url, data=params)
90      else:
91          # 如果没有参数, 访问方式如下
92          # 返回请求的响应结果
93          res = requests.put(url)
94      return res
95  def delete(self,uri,params=None):
96      '''
97      封装自己的 DELETE 请求
98      :param uri: 访问路由
99      :param params: 传递参数, String 类型, 默认为 None
100     :return: 此次访问的响应
101     '''
102     url = self.url_root + uri
103     if params is not None:
104     # 如果有参数, 那么通过 PUT 方式访问对应的 URL 并将参数赋值给 requests.put, 默认参数为 data
105     # 返回请求的响应结果
```

```
106        res = requests.delete(url, data=params)
107    else:
108        # 如果没有参数，访问方式如下
109        # 返回请求的响应结果
110        res = requests.put(url)
111    return res
```

上述脚本是一些超级工具的集合，类似于机器猫的"万能口袋"，大家只需要不断积累就可以了。使用 Common 类对上述流水账似的脚本进行改造，如代码清单 5-6 所示。

代码清单 5-6

```
1    from common import Common
2    # 建立与 WebSocket 接口的连接
3    con = Common('ws://echo.websocket.org','ws')
4    # 获取返回的结果
5    result = con.send('Hello, World...')
6    # 输出日志
7    print(result)
8    # 释放 WebSocket 长连接
9    del con
```

改造后的代码让我们充分体验到了测试框架的魅力。测试框架能让代码变得更加简洁和易读。在将 WebSocket 封装到之前的测试框架后，我们便有了一个既支持 HTTP 又支持 WebSocket 的接口测试框架。随着不断积累新协议，测试框架会越来越强大，我们的秘密武器库也会不断扩充。测试框架的不断完善，使得接口测试工作越来越简单，测试速度也越来越快。在实现对测试能力的支持后，我们应该回过头继续补充协议的基础知识，因为只有这样我们才能"既知其然，也知其所以然"。

5.2.4 WebSocket 一点通

WebSocket 是 HTML5 提供的一种能在单个 TCP 连接上进行全双工通信的协议。前面介绍过，HTTP 是一种无状态、无连接、单向的应用层协议。HTTP 采用了请求/响应模型：通信请求只能由客户端发起，服务器负责对请求做出应答处理。但这会出现一个很严重的问题——HTTP 永远无法从服务器发起会话。在这种单向的通信模式下，对于在服务器有状态

变化后想要通知客户端的情况，很多 Web 应用通过大量且频繁的 AJAX（Asynchronous JavaScript and XML，异步 JavaScript 和 XML）请求实现了长轮询，但这种机制效率低下、资源耗费大。

WebSocket 就是为了解决这种问题而出现的。WebSocket 连接允许在客户端和服务器之间进行全双工通信，以便任何一方都可以通过建立的连接将数据推送到另一端。WebSocket 只需要建立一次连接，就可以一直保持连接状态，相对于在轮询方式下不停地建立连接，效率显然得到了极大提高，如图 5-2 所示。

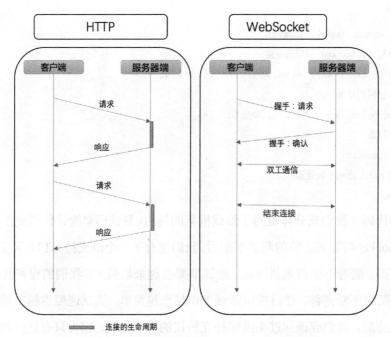

图 5-2　对比 HTTP 和 WebSocket 协议下的请求处理流程

WebSocket 的优点如下。

❏　建立在 TCP 之上，服务器端的实现相对比较容易。

❏　与 HTTP 有着良好的兼容性。默认的端口号也是 80 和 443，并且握手阶段采用 HTTP，因此握手时不容易屏蔽。

❏　数据格式比较轻量，性能开销小，通信高效。

- ❑ 既可以发送文本，也可以发送二进制数据。

- ❑ 没有同源限制，客户端可以与任意服务器通信。

- ❑ 协议标识符是 ws（如果加密，则为 wss），服务器网址是 URL。

5.2.5 WebSocket 数据帧的格式

客户端与服务器端数据的交换离不开数据帧格式的定义。因此，在实际讲解数据交换之前，我们先来看看 WebSocket 数据帧的格式。WebSocket 客户端与服务器端通信的最小单位是帧（frame），一个或多个帧可以组成一条完整的消息（message）。

- ❑ 发送端：将消息分成多个帧并发送到服务器端。

- ❑ 接收端：接收消息帧并将关联的帧重新组装成完整的消息。

代码清单 5-7 给出了 WebSocket 数据帧的统一格式，熟悉 TCP/IP 的读者对此应该不会感到陌生：从左到右，单位是位，比如 FIN、RSV1 均占 1 位，opcode 占 4 位，内容具体包括标识、操作代码、掩码、数据、数据长度等。

代码清单 5-7

```
 1     0                   1                   2                   3
 2     0 1 2 3 4 5 6 7 8 9 0 1 2 3 4 5 6 7 8 9 0 1 2 3 4 5 6 7 8 9 0 1
 3    +-+-+-+-+-------+-+-------------+-------------------------------+
 4    |F|R|R|R| opcode|M| Payload len |    Extended payload length    |
 5    |I|S|S|S|  (4)  |A|     (7)     |             (16/64)           |
 6    |N|V|V|V|       |S|             |   (if payload len==126/127)   |
 7    | |1|2|3|       |K|             |                               |
 8    +-+-+-+-+-------+-+-------------+ - - - - - - - - - - - - - - - +
 9    |     Extended payload length continued, if payload len == 127  |
10    + - - - - - - - - - - - - - - - +-------------------------------+
11    |                               |Masking-key, if MASK set to 1  |
12    +-------------------------------+-------------------------------+
13    | Masking-key (continued)       |          Payload Data         |
```

```
14      +---------------------------------- - - - - - - - - - - - - - +
15      :                      Payload Data continued ...                      :
16      + - - - - - - - - - - - - - - - - - - - - - - - - - - - - - - - +
17      |                      Payload Data continued ...                      |
18      +---------------------------------------------------------------+
```

5.3　使框架拥有 RPC 接口测试能力

5.3.1　RPC 和 gRPC

　　RPC（Remote Procedure Call，远程过程调用）实际上提供了可以使应用程序相互通信的一套机制，它是一种通过网络从远程计算机程序请求服务，而不需要我们了解底层网络技术的通信方式，可简单地理解为一个节点请求另一个节点提供的服务。在客户-服务器模式下，客户端调用服务器端的接口就像调用本地函数一样。RPC 和 HTTP 目前是微服务常用的通信方式，但是 RPC 和 HTTP 多少还有一些区别，因为它们确实不是同一层次的概念。

- ❑　RPC 的调用协议通常包含序列化方式和传输协议。序列化方式可以是 XML、JSON、Protobuf、Hessian 等，其中 XML、JSON 是纯文本方式，Protobuf、Hessian 是二进制编码方式。网络底层的传输协议有 TCP、HTTP 等。

- ❑　HTTP 不仅可以是 RPC 传输方式中的一种，而且可以为微服务提供技术方案，但 HTTP 并不依托 RPC 来支持微服务框架。HTTP 既可以和 RPC 一样作为服务间通信的解决方案，也可以作为 RPC 通信层的传输协议。

　　目前流行的开源 RPC 框架比较多，比如阿里巴巴的 Dubbo、Google 的 gRPC、Meta（原 Facebook）的 Thrift 和 Twitter 的 Finagle 等。Google 发布的开源 RPC 框架 gRPC 是基于 HTTP 2.0 的，并且支持众多常见的编程语言。gRPC 提供了强大的流式调用功能，目前已成为主流的 RPC 框架之一。RESTful 也是一套通信机制，那么 gRPC 和 RESTful API 有何区别呢？gRPC 和 RESTful API 分别提供了一套通信机制用于客户-服务器通信模型，并且它们都使用 HTTP 作为底层的传输协议。不过，gRPC 还是有自身明显特征的，例如 gRPC 可以通过 Protobuf 来定义接口，因而拥有更加严格的接口约束条件。通过 Protobuf，我们可以将数据序列化为二进制编码，这能大幅减少需要传输的数据量，从而极大地提高性能。

5.3.2 gRPC 接口如何测试

讲了 gRPC 的这么多优点，那么对于测试工程师来说，应如何完成 gRPC 接口测试呢？附录 D 给出了 gRPC 服务的一个例子，想要详细了解 gRPC 服务如何使用的读者可以参考。在开始测试 gRPC 接口之前，我们应首先向研发工程师申请一个 Proto 文件，这个 Proto 文件类似于 RESTful 的 JSON 定义。可通过代码清单 5-8 生成 gRPC 服务的接口访问代码。

代码清单 5-8

```
python -m grpc_tools.protoc -I=server/proto --python_out=server/proto
       --grpc_python_out=server/proto server/proto/helloworld.proto
```

在生成的 gRPC 接口访问代码的基础上，使用代码清单 5-9 开始测试脚本的开发。

代码清单 5-9

```
1    host = 'http://127.0.0.1:50051'  # 服务器端地址和端口号
2    try: # 服务器端地址和端口号
3        with grpc.insecure_channel('127.0.0.1:50051') as channel:
4            stub = helloworld_pb2_grpc.GreeterStub(channel)
5            response = stub.SayHello(helloworld_pb2.HelloRequest(name='criss'))
6            print(response)
7    except (KeyboardInterrupt, SystemExit):
8        sys.exit(0)
```

可以看到，gRPC 接口的访问代码和前面讲过的 HTTP、WebSocket 接口的十分类似，都是先和请求建立连接，之后再发送信息。因此，我们可以使用同样的方法将其抽象到 Common 类中，从而使我们的框架拥有 gRPC 接口测试能力。封装的过程和思路与 WebSocket 完全一样，这部分内容留给读者自己完成。

5.4 测试数据的处理

5.4.1 测试数据的原始方式

如果把接口测试比喻成炒菜,那么之前讲解的重点在于如何完成接口测试,也就是演示如何炒菜。前面讨论过如何解决接口测试的需求问题,从而让您有了解决问题的能力和手段,这相当于建造设备齐全的厨房来帮您一起完成接口测试任务。我们还介绍了接口测试的技术方法和实践方式,它们相当于厨具。在这些厨具中,既有锅、碗、瓢、盆,也有刀、勺、铲、叉,这里的锅、碗、瓢、盆相当于测试框架,刀、勺、铲、叉相当于使用测试框架完成的测试脚本,其中既包含单接口测试脚本,也包含业务逻辑的多接口测试脚本。

那么在炒菜之前,还需要准备什么呢?毫无疑问,就是做菜的原材料。"巧妇难为无米之炊",虽然有高超的厨艺和顶级的厨具,但如果没有做菜的原材料,就没有办法把菜做出来,就算是世界顶级大厨,也无法完成这样的任务。随着不断封装和演进,测试框架始终处于"等米下锅"这样一种状态,而"米"就相当于测试数据。在之前的讲解中,我们始终将测试数据直接写在代码里并赋值给变量,然后通过接口测试逻辑完成测试。下面以 Battle 系统的业务流程为例,看看"选择武器"这个接口的测试脚本,如代码清单 5-10 所示。

代码清单 5-10

```
1   # uri_selectEq 变量用于存储选择的武器
2   uri_selectEq = '/selectEq'
3   # equipmentid 变量用于存储武器的编号
4   equipmentid = '10003'
5   # 拼凑 body
6   payload = 'equipmentid=' + equipmentid
7   response_selectEq = comm.post(uri_selectEq,params=payload)
8   print('响应内容: ' + response_selectEq.text)
```

通过 Common 类改造后的测试框架并不完美,为什么呢?因为参数都是直接通过 equipmentid 变量进行赋值的,在进行测试时,测试工程师还需要不断修改参数才能完成接口的入参测试，这显然不是一种自动化的测试思路。

因此，我们需要将数据封装起来，并通过一种更好的方式将它们存储到一种数据存储文件中，这样代码就可以自行查找对应的参数了，然后调取测试框架执行测试流程，最后通过自动对比返回结果和预期结果，验证测试的正确性。这样做有两个好处。

❑ 无人值守，节省时间和精力。将所有的参数都存储到外部存储文件中，这样测试框架就可以自行选择第一个参数进行测试，完成后就可以自行选择下一个参数，整个执行过程不需要人的参与；否则，我们每复制一组参数就要执行一次脚本，然后手动替换一次参数并重新执行一次脚本，这不仅耗时费力，而且是没有什么技术含量的重复性工作。

❑ 自动检测返回值，提高测试效率。如果像代码清单 5-10 那样进行接口测试，就需要每执行一次就观察一次，看看接口的返回结果和预期结果是否一致。这不仅非常耗费时间，而且效率低下。但是，通过代码完成一些关键匹配很容易，这不仅可以极大提高测试效率，而且可以快速完成交付。

上面这种测试思路就是数据驱动测试。在软件工程的知识范围内，我们会接触到由什么驱动什么的各种概念，如测试驱动开发、领域驱动设计、验收测试驱动开发、数据驱动测试等，这些概念的作用域不同，并且约束的角色也不同。其中，数据驱动测试既是软件测试范围内的一种测试方法，也是自动化测试中一种很好的解决方案；数据驱动测试则通过一种已经定义好的数据结构来实现一套逻辑测试脚本，从而在不同数据输入条件下完成多种业务逻辑的验证，通过对测试脚本和测试数据进行分类，可以避免将测试数据硬编码到测试脚本中。

定义好的数据结构可以存储在各种数据存储文件中，常见的有 CSV 文件、Excel 文件、JSON 文件、XML 文件等，这不仅可以提高自动化测试的可维护性，而且可以提高测试脚本的利用率。

5.4.2　建立数据驱动方式

下面首先定义参数的存储格式。目前来看，Excel 在设计测试用例方面使用十分频繁，因而我们可以使用 Excel 文件来存储自己的参数。但参数文件不会一直是 Excel 文件，未来也有可能出现其他类型的参数文件。因此，从一开始我们就要考虑参数类的可扩展性，这样将来就不用每当新出现一种参数文件时就写一个参数类了，如代码清单 5-11 所示。

代码清单 5-11

```
1   import json
2   import xlrd
3   class Param(object):
4     def __init__(self,paramConf='{}'):
5       self.paramConf = json.loads(paramConf)
6     def paramRowsCount(self):
7       pass
8     def paramColsCount(self):
9       pass
10    def paramHeader(self):
11      pass
12    def paramAllline(self):
13      pass
14    def paramAlllineDict(self):
15      pass
16
17
18  class XLS(Param):
19    '''
20    Excel 文件的基本格式
21
22    第 1 行是参数的注释，用于描述每一行参数是什么
23    第 2 行是参数名，参数名必须和对应模块的 PO（Page Object）页面的变量名一致
24    第 3～N 行是参数
25
26    最后一列是预期的默认头 exp
```

```
27    '''
28    def __init__(self, paramConf):
29      '''
30      :param paramConf: Excel 文件的位置(绝对路径)
31      '''
32      self.paramConf = paramConf
33      self.paramfile = self.paramConf['file']
34      self.data = xlrd.open_workbook(self.paramfile)
35      self.getParamSheet(self.paramConf['sheet'])
36    def getParamSheet(self,nsheets):
37      '''
38      设定参数所处的工作表
39      :param nsheets: 参数在第几个工作表中
40      :return:
41      '''
42      self.paramsheet = self.data.sheets()[nsheets]
43    def getOneline(self,nRow):
44      '''
45      返回一行数据
46      :param nRow: 行数
47      :return: 一行数据, dict 格式
48      '''
49      return self.paramsheet.row_values(nRow)
50    def getOneCol(self,nCol):
51      '''
52      返回一列数据
53      :param nCol: 列数
54      :return: 一列数据, dict 格式
55      '''
56      return self.paramsheet.col_values(nCol)
57    def paramRowsCount(self):
58      '''
59      获取参数文件中的行数
60      :return: 参数文件中的行数, int 类型
61      '''
62      return self.paramsheet.nrows
63    def paramColsCount(self):
```

```
64          '''
65          获取参数文件的列数 (参数个数)
66          :return: 参数文件的列数 (参数个数)，int 类型
67          '''
68          return self.paramsheet.ncols
69     def paramHeader(self):
70          '''
71          获取参数的名称
72          :return: 参数的名称[]
73          '''
74          return self.getOneline(1)
75     def paramAlllineDict(self):
76          '''
77          获取全部参数
78          :return: {{{}}}，注意，字典中的键值也就是头部的值
79          '''
80          nCountRows = self.paramRowsCount()
81          nCountCols = self.paramColsCount()
82          ParamAllListDict = {}
83          iRowStep = 2
84          iColStep = 0
85          ParamHeader= self.paramHeader()
86          while iRowStep < nCountRows:
87          ParamOneLinelist=self.getOneline(iRowStep)
88          ParamOnelineDict = {}
89          while iColStep<nCountCols:
90          ParamOnelineDict[ParamHeader[iColStep]]=ParamOneLinelist[iColStep]
91          iColStep=iColStep+1
92          iColStep=0
93          ParamAllListDict[iRowStep-2]=ParamOnelineDict
94          iRowStep=iRowStep+1
95          return ParamAllListDict
96     def paramAllline(self):
97          '''
98          获取全部参数
99          :return: 全部参数[[]]
100         '''
```

```
101      nCountRows= self.paramRowsCount()
102      paramall = []
103      iRowStep =2
104      while iRowStep<nCountRows:
105      paramall.append(self.getOneline(iRowStep))
106      iRowStep=iRowStep+1
107      return paramall
108  def __getParamCell(self,numberRow,numberCol):
109      return self.paramsheet.cell_value(numberRow,numberCol)
110  class ParamFactory(object):
111  def chooseParam(self,type,paramConf):
112      map_ = {
113      'xls': XLS(paramConf)
114      }
115      return map_[type]
```

上述代码的思路就是通过进行统一抽象来建立一种处理数据的通用方式。我们可以采用简单的工厂模式，这样每当出现一种新的参数存储类型时，只需要添加对应的处理类就可以了，这既便于快速扩展，也实现了一劳永逸地提供统一的数据处理方式。接下来，我们就可以把此次测试的全部参数保存到 Excel 文件中了，如图 5-3 所示。

用例	期望
equipmentid	exp
10001	your pick up equipmentid:10001
10002	your pick up equipmentid:10002
10003	your pick up equipmentid:10003

图 5-3　在 Excel 文件中保存测试参数

通过上面的参数类可以看出，在图 5-3 所示的 Excel 文件中，第 1 行是对每一列参数所做的注释，所有的 Excel 文件都是从第 2 行开始读取内容的，第 2 行是参数名和固定的 exp（exp 表示预期结果）。现在，使用 ParamFactory 类并配合使用这个 Excel 文件，就可以完成对 Battle 系统的"选择武器"接口的改造任务了，如代码清单 5-12 所示。

代码清单 5-12

```
1    # 导入 Common 类和 ParamFactory 类
2    from common import Common
3    from param import ParamFactory
```

```
4    import os
5    # uri_selectEq 变量用于存储选择的武器
6    uri_selectEq = '/selectEq'
7    comm = Common('http://127.0.0.1:12356',api_type='http')
8    # 存储武器的编号并验证返回的结果是否符合参数设计的预期结果
9    # 获取当前路径的绝对值
10   curPath = os.path.abspath('.')
11   # 定义存储参数的 Excel 文件的路径
12   searchparamfile = curPath+'/equipmentid_param.xls'
13   # 调用参数类以完成参数的读取，返回的字典中包含 Excel 中第 1 行除外的所有内容
14   searchparam_dict = ParamFactory().chooseParam('xls',{'file':searchparamfile,
         'sheet':0}).paramAlllineDict()
15   i=0
16   while i<len(searchparam_dict):
17     # 读取通过参数类获取的第 i 行的参数
18     payload = 'equipmentid=' + searchparam_dict[i]['equipmentid']
19     # 读取通过参数类获取的第 i 行的预期结果
20     exp = searchparam_dict[i]['exp']
21     # 进行接口测试
22     response_selectEq = comm.post(uri_selectEq,params=payload)
23     # 输出返回的结果
24     print('响应内容: ' + response_selectEq.text)
25     # 读取通过参数类获取的下一行参数
26     i = i+1
```

在执行测试脚本时可以看到，图 5-3 所示 Excel 文件中的 3 行数据已按顺序自动执行了测试。

5.5　测试框架应有的其他一些技术属性

5.5.1　设计 base_url

在使用 requests 库编写接口的自动化测试脚本时，每个接口都必须确认对应访问的 URI，在设计完参数后，才能进行脚本的开发以及断言的设计。测试多个接口的常规做法如代码清单 5-13 所示。

代码清单 5-13

```
1    requests.get('https://blog.csdn.net/crisschan/category_1404515.html')
2    requests.get('https://blog.csdn.net/crisschan/category_1058732.html')
```

其实，我们可以使用 base_url 来优化这部分代码，如代码清单 5-14 所示。

代码清单 5-14

```
1    from requests_toolbelt import sessions
2    http = sessions.BaseUrlSession(base_url="https://blog.csdn.net/crisschan")
3    http.get("/category_1404515.html")
4    http.get("/category_1058732.html")
```

进行完上述处理后，测试脚本就更容易维护和阅读了。

5.5.2 建立全局等待时间

在接口测试过程中，很多时候为了使测试代码顺利地全部执行完，我们会设置等待时间（也叫思考时间），一般的做法如代码清单 5-15 所示。

代码清单 5-15

```
requests.get('https://blog.csdn.net/crisschan', timeout=0.001)
```

像上面这样的代码会出现在所有的请求中。其实，我们可以建立全局等待时间并封装到一个类中，如代码清单 5-16 所示。

代码清单 5-16

```
1    from requests.adapters import HTTPAdapter
2    DEFAULT_TIMEOUT = 5 # seconds
3    class TimeoutHTTPAdapter(HTTPAdapter):
4        def __init__(self, *args, **kwargs):
5            self.timeout = DEFAULT_TIMEOUT
6            if "timeout" in kwargs:
7                self.timeout = kwargs["timeout"]
8                del kwargs["timeout"]
9            super().__init__(*args, **kwargs)
```

```
10        def send(self, request, **kwargs):
11            timeout = kwargs.get("timeout")
12            if timeout is None:
13                kwargs["timeout"] = self.timeout
14            return super().send(request, **kwargs)
```

然后，将封装好的全局等待时间应用到项目中即可，如代码清单 5-17 所示。

代码清单 5-17

```
1    import requests
2    http = requests.Session()
3    # 将配置复制给 HTTP 和 HTTPS 请求
4    adapter = TimeoutHTTPAdapter(timeout=2.5)
5    http.mount("https://", adapter)
6    http.mount("http://", adapter)
7    # 使用全局等待时间
8    response = http.get("https://blog.csdn.net/crisschan")
9    # 不使用全局等待时间，而是设置请求自己的等待时间
10   response = http.get("https://blog.csdn.net/crisschan", timeout=10)
```

5.5.3　建立全局变量的管理器

在编写接口的自动化测试脚本时，我们通常希望能够对全局性的参数或配置进行统一管控。在 Python 中，全局变量是使用 global 关键字定义的，全局变量可以在全部上下文中进行修改和使用。但是，global 关键字的使用不能随便，也是有规则的。当我们在函数内部创建一个变量时，如果想让这个变量成为全局变量，就需要使用 global 关键字对其进行显式声明。假设有一个函数，我们希望每调用一次这个函数就将成绩增加 5 分，如代码清单 5-18 所示。

代码清单 5-18

```
1    # 当前成绩
2    score= 0
3    # 增加 5 分
4    def add5score():
5        print(score)
6    # 调用主函数
```

```
7    if __name__ == '__main__':
8        add5score()
```

上述代码运行后的输出结果是 0。检查后，我们发现 add5score()函数并没有实现将成绩增加 5 分的功能。修改 add5score()函数，如代码清单 5-19 所示。

代码清单 5-19

```
1    # 当前成绩
2    score = 0
3    # 增加 5 分
4    def add5score ():
5        score = score +5
6        print(score)
7    # 调用主函数
8    if __name__ == '__main__':
9        add5score ()
```

上述代码运行后会出现错误提示"UnboundLocalError: local variable 'score' referenced before assignment"。原因如下。

对于在函数外部定义的全局变量来说，它们在函数内部只能访问而不能修改。如果想在函数内部对全局变量进行修改，那就需要显式地使用 global 关键字进行声明，如代码清单 5-20 所示。

代码清单 5-20

```
1    # 当前成绩
2    score = 0
3    # 增加 5 分
4    def add5score ():
5    # 显式地声明全局变量
6        global score
7        score = score +5
8        print(score)
9    # 调用主函数
10   if __name__ == '__main__':
11       add5score ()
```

这还只是文件级别的全局变量，如果想要约束项目级别的全局变量，就需要建立全局变量的管理器，如代码清单 5-21 所示。

代码清单 5-21

```python
#!/usr/bin/env python
# -*- coding: utf-8 -*-
# @Time : 2020/8/24 2:54 下午
# @Author: CrissChan
# @From : https://github.com/crisschan/
# @Site : https://blog.csdn.net/crisschan
# @File : global_manager.py
# @Intro: 项目级别的全局变量的管理器，可通过global关键字完成项目级别的全局变量的定义
# 方法保存在对应的文件中
# import global_manager as glob
# glob._init()          # 先在主模块中进行初始化
# 定义跨模块的全局变量
# glob.set_value('sessionid', sessionid)
# import global_manager as glob
# sessionid=glob.get_value('sessionid')
# 这样就达到了定义项目级别的全局变量的目的
 def _init():
        '''
        初始化全局变量的管理器
        :return:
        '''
        global _glo_dict
        _glo_dict = {}
 def set_value(key, value):
        '''
        将全局变量存入管理器
        :param key: 全局变量的名称
        :param value: 全局变量的值
        :return:
        '''
        _global_dict[key] = value
   def get_value(key):
```

```
33              '''
34              :param key: 全局变量的名称
35              :return:
36              '''
37              try:
38                  return _global_dict[key]
39              except KeyError as e:
40                  print(e)
```

5.5.4 处理测试字符串

在编写接口测试脚本时，很多操作（无论是检查请求中的参数还是检查返回的内容）是针对字符串进行的。当检查返回的内容时，大多数情况下从返回的字符串中查找想要的那部分内容。这个问题在性能测试工具中有很好的解决方法——通过字符串的左右边界条件查找中间部分的字符串，中间部分的字符串有可能随着接口入参的变化而变化，但字符串的左右边界没有变化。这在 LoadRunner 中被称为关联函数。下面我们就实现测试框架的"关联"函数，这里也叫测试字符串，如代码清单 5-22 所示。

代码清单 5-22

```
1   # coding=utf8
2   # !/usr/bin/env python
3   # __author__='crisschan'
4   # __data__='20160908'
5   # __from__='EmmaTools https://github.com/crisschan/EMMATools'
6   # __instruction__= 测试需要处理字符串的类
7   # 修改方法，添加@classmethod 装饰器
8   import random
9   import re
10  class TestString(object):
11      def __GetMiddleStr(self,content, startPos, endPos):
12          '''
13          :根据开头和结尾的字符串获取中间字符串
14          :param content: 原始字符串
15          :param startPos: 开始位置
16          :param endPos: 结束位置
```

```
17          :return: 一个字符串
18          '''
19          # startIndex = content.index(startStr)
20          # if startIndex >= 0:
21          #     startIndex += len(startStr)
22          # endIndex = content.index(endStr)
23          return content[startPos:endPos]
24
25      def __Getsubindex(self,content, subStr):
26          '''
27
28          :param content: 原始字符串
29          :param subStr: 字符边界
30          :return: 字符边界处出现的第一个字符在原始字符串中的位置，dict 格式
31          '''
32          alist = []
33
34          asublen = len(subStr)
35          sRep = ''
36          istep = 0
37          while istep < asublen:
38              if random.uniform(1, 2) == 1:
39                  sRep = sRep + '~'
40              else:
41                  sRep = sRep + '^'
42              istep = istep + 1
43
44
45          apos = content.find(subStr)
46          while apos >= 0:
47              alist.append(apos)
48              content = content.replace(subStr, sRep, 1)
49
50              apos = content.find(subStr)
51          return alist
52      @classmethod
53      def GetTestString(cls_obj,content, startStr, endStr):
```

```
54          '''
55
56          :param content: 原始字符串
57          :param startStr: 开始字符的边界
58          :param endStr: 结束字符的边界
59          :return: 前后边界一致的中间字符串, dict 格式
60          '''
61          reStrList = []
62          if content is None or content=='':
63              return reStrList
64          if startStr!='' and content.find(startStr)<0:
65              startStr=''
66          if endStr!='' and content.find(endStr)<0:
67              endStr=''
68
69          if startStr=='':
70              reStrList.append(content[:content.find(endStr)])
71              return reStrList
72          elif endStr=='':
73            reStrList.append(content[content.find(startStr)+len(startStr):])
74              return reStrList
75          elif startStr=='' and  endStr=='':
76              reStrList.append(content)
77              return reStrList
78          else:
79              starttemplist = cls_obj().__Getsubindex(content, startStr)
80
81              nStartlen = len(startStr)
82              startIndexlist = []
83              for ntemp in starttemplist:
84                  startIndexlist.append(ntemp + nStartlen)
85              endIndexlist = cls_obj().__Getsubindex(content, endStr)
86
87              astep = 0
88              bstep = 0
89              dr = re.compile(r'<[^>]+>', re.S)
90
```

```
91              while astep < len(startIndexlist) and bstep < len(endIndexlist):
92                  while startIndexlist[astep] >= endIndexlist[bstep]:
93                      bstep = bstep + 1
94                  strTemp = cls_obj().__GetMiddleStr(content, startIndexlist
                        [astep], endIndexlist[bstep])
95                  strTemp = dr.sub('', strTemp)
96
97                  reStrList.append(strTemp)
98                  astep = astep + 1
99                  bstep = bstep + 1
100
101         return reStrList
102
103   # if __name__=="__main__":
104   # strgg = '24214jnjkanrhquihrghjw<>eufhuin/jfghs<>ajfjsanfghjkg/hjkghj<>
            #         kghjfasd/sdaf'
105 # print(TestString.GetTestString(strgg,'<a href="',''/'))
```

5.6　小结

　　任何团队的测试框架的形成都是一个不断完善的过程，因为任何团队几乎不可能从一开始就提供一套完整的适合未来所有接口测试工作的测试框架，测试框架是随着团队的成长而逐渐强大起来的。因此，接口测试技术的维护人员不要寄希望于拿出完美的框架，而要勇于提供动态的能够不断成长的测试技术，并不断地将已经积累的技术内容封装到团队自己的测试框架中。此外，维护人员还要勇于将不需要的内容剔除，从而保持团队内部技术的精确和精炼。

第 6 章　性能测试

本章介绍的性能测试指的是服务器端的性能测试，而不包含前端部分的性能测试。服务器端的性能测试可以理解为接口测试的延伸，接口测试相当于对性能测试进行单脚本回放，这样也就不难理解为什么很多团队使用 JMeter 这款性能测试工具来完成接口测试了。

6.1　性能测试的一些概念

性能测试对于保障软件质量起非常重要的作用，我们需要掌握足够的知识才能做性能测试。不过，性能测试是有技巧的，掌握技巧后，在完成绝大部分的性能测试工作时，我们便能游刃有余。

6.1.1　性能测试的常用指标

在 GB/T 25000.10 的八大质量特性中，性能效率这个独立的质量特性包含了时间特性、资源利用性、容量、性能效率的依从性等质量子特性。利用技术手段检验信息系统性能效率的过程被称为性能测试。通过性能测试，我们可以评估信息系统与性能效率要求的符合程度。信息系统通常包含以下方面的信息。

❑ 并发用户数：是针对服务器而言的，指的是在同一时刻与服务器进行交互的在线用户数量。在压力测试期间，并发用户数是指同时执行一个或一系列操作的用户数量，或指同时执行某个脚本的用户数量。不同场景下的并发情况是不一样的，在实际的测试工作中，需要根据具体的需求设置并发用户数。

❑ 最大并发用户数：用来描述信息系统所能提供的最大服务能力。

❑ 吞吐量：单位时间内系统所能处理的请求数量。对于交互式系统，单位通常是字节数/秒、页面数/秒或请求数/秒；对于非交互系统，单位通常是笔（交易）/秒。

❑ 响应时间：分为用户响应时间和系统响应时间两种。用户响应时间是指用户所能感受到的系统对其操作的响应时间。人的眼睛由于"视觉暂停"现象只能察觉 0.1s 以上的视觉变化，用户响应时间只要不超过 0.1s 就可以了。系统响应时间是指计算机对用户的输入或请求做出应答的时间。压力测试一般站在用户的角度考虑问题，因而衡量的是用户响应时间。

❑ 资源利用率：描述信息系统性能状态的一系列数据指标，包括被测服务器的 CPU 利用率、内存利用率、磁盘 I/O 速率、网络吞吐量等。

❑ 等待时间：信息系统用户在进行业务操作时发出的两个连续请求之间的时间间隔。

6.1.2　性能测试的分类

性能测试用来评估系统的服务能力。性能测试主要分为如下 3 种。

❑ 负载压力测试：通过不断为系统增加负载，观察系统的性能变化并确定系统在满足一系列性能指标（包含响应时间、CPU 利用率、内存使用率、网络吞吐量、磁盘 I/O 速率等，其中关键的性能指标是响应时间、CPU 利用率和内存使用率）要求的前提下所能承受的最大负载。

❑ 失效恢复测试：针对提供了系统冗余备份或负载均衡机制的系统，模拟系统局部发生故障后，在系统仍有大量用户持续访问的情况下，对系统服务能力的恢复进行测试，主要用来评估系统的健壮性和可恢复性。

❑ 疲劳测试：在保证总业务量的情况下长时间运行系统的测试，主要用来评估系统长时间无故障稳定运行的能力（测试周期通常是 7 × 24 小时、3 × 24 小时或 1 × 24 小时）。

6.1.3 性能测试的前期准备

性能测试要求测试工程师对测试环境比较熟悉且在初始压力的规划和计算方面具备一定的经验。由于被测系统的业务逻辑复杂度不一样，因此目前没有统一的标准，下面的内容仅供参考。

1. 压测环境方面的建议

对于被测系统的部署环境，我们可以参考如下建议。

❑ 被测系统的应用服务器和数据持久化服务器最好分开部署，除非生产环境在一台机器上，否则应用服务器和数据持久化服务器不能部署到同一台机器上。这是因为应用服务器和数据持久化服务器如果部署到同一台机器上，它们就会产生竞争。若出现性能问题，将很难判断是应用服务器的问题还是数据持久化服务器的问题，这会增大定位性能缺陷的难度。

❑ 测试压力机和被测服务要部署到同一子网中并且访问带宽要达到千兆级别。测试压力机产生的压力应全都加到被测服务上，而不是阻塞在网络中，后面这种情况会导致测试结果不可信。

❑ 建立被测服务的最小计算单元。假设一个 App 服务和一个 MySQL 服务就可以达到被测系统的完整性要求，那么先部署一个 App 服务，再部署一个 MySQL 服务就可以了。在对服务进行评估后，我们就可以基于最小计算单元的性能结果计算出正常对外提供服务时性能的最大上限。此外，这也便于当线上出现性能问题时进行扩容以解决性能故障。

2. 并发用户数的估算

很多测试工程师在第一次做性能测试时，对于并发用户数的选择往往存有疑惑。在性能测试中，并发用户数不是随便决定的，在估算并发用户数时，应秉承"系统证据大于数学估算"的原则。也就是说，如果被测系统主要对外提供服务，那么系统当前的最大并发用户数可以从系统入口设备或入口服务的日志系统中获取，基于真实可靠的数据，再根据性能测试的需求进行扩大，这是并发用户数的最优估算方法。但是，这种估算方法很少被采用，因为测试工程师在做性能测试时，面对的通常是全新的系统，此时的系统尚未对外提供服务。

面对全新的系统，测试工程师最需要收集的就是对估算并发用户数有用的那些数据，如系统上线后可能的用户数、是否有集中"抢购"模型、"抢购"人员的规模等。在收集到足够的能对估算并发用户数进行支持的数据后，通过如下估算方法计算并发用户数。但是，下面这些行业内通用的估算方法也不绝对，n 级别的并发是否支持 m 级别的用户是由被测系统的逻辑、环境部署方式及硬件等综合因素决定的。

1）和 Little 定律等价的估算方法

若一种估算方法基于某种数学原理，大家就会觉得这种估算方法的可信度非常高。Eric Man Wong 在 2004 年发表的文章 "Method for Estimating the Number of Concurrent Users" 中提出一种和 Little 定律等价的估算方法。

平均并发用户数（C）的计算方法如下。

$$C = nL/T$$

其中，n 表示登录会话的数量，L 表示登录会话的平均长度，T 表示考察的时间长度。

并发用户数的峰值（C'）的计算方法如下。

$$C' = C + 3\sqrt{C}$$

比如，假设系统 A 有 3000 个用户，平均每天大概有 400 个用户访问系统 A（可从系统日志中获得）。一天之内，用户从登录到退出系统 A 的平均时间为 4h，并且用户使用系统 A 的时间不会超过 8h。此时，平均并发用户数 $C = 400 \times 4/8 = 200$，并发用户数的峰值 $C' = 242.4$，向上取整为 243。

2）影响因子

在绝大多数场景下，使用影响因子（用户总数/统计时间，一般为 3）来估算并发用户数。以乘坐地铁为例，假设地铁每天的客流量为 5 万人次，每天早高峰是 7～9 点，晚高峰是 6～7

点。根据二八原则，80%的乘客会在高峰期间乘坐地铁，因而每秒到达地铁检票口的人数为 $50000 \times 80\%/10800 \approx 3.70$，约 4 人。考虑到安检、地铁入口关闭等因素，实际聚集在检票口的肯定不止 4 人，假定每个人需要 3s 时间才能进站，那么实际的平均并发用户数 $C = 4$ 人/秒 $\times 3$ 秒 $= 12$。影响因子可以根据实际情况加大处理。

3）二八原则

假设一个网站每天的 PV（Page View，又称"点击量"）有 1000 万，根据二八原则，可以认为 1000 万 PV 中的 80%是在一天的 9 小时内完成的（人的精力有限），因此 TPS（Transactions Per Second，事务数/秒）为 $10\,000\,000 \times 80\% / 32\,400 \approx 246.91$。取影响因子 3，平均并发用户数 $C = 246.91 \times 3 \approx 741$。

4）经验评估法

一些经验丰富的性能测试工程师依据自己的经验统计，给出了平均并发用户数（C）与系统最大在线用户数的关系：平均并发用户数等于系统最大在线用户数的 8%～12%。

假设某系统的最大在线用户数是 1000，在进行性能测试时，可结合该系统提供的业务服务，设置平均并发用户数介于 80 和 120，这样就可以实现该系统 1000 人同时在线的性能评估。

除上面介绍的估算方法之外，还有很多其他的估算方法，本书不再一一介绍。上面介绍的每一种估算方法并不是估算并发用户数的"银弹"（万能方法）。在使用过程中，我们仍需要结合项目的真实情况，找出更适合自己系统的估算方法，从而更客观地评估系统性能，在不过度测试的同时保障系统的质量。

6.1.4　性能测试的执行

测试新手就算掌握了并发用户数的估算方法，也仍然会对性能测试一脸茫然。其实对于新手来说，只需要按照如下 4 个阶段完成性能测试，就可以交上完美的答卷。

1. 并发访问

使用前面介绍的估算方法估算并发用户数，然后根据估算数据设置性能测试工具的并发数。在并发访问阶段，并发能力是选用工具的核心指标，商用工具首推 LoadRunner，开源工具则推荐 nGrinder 和 Locust，这 3 款工具的实现方式和实现原理虽然不同，但都能满足高效并发的要求。

2.　监控资源特性

资源特性的监控主要是指对服务器端的资源利用率进行监控，包括监控服务器的 CPU 利用率、内存利用率、磁盘 I/O 速率、网络吞吐量等。另外，有关响应性能的一些指标，比如 TPS（每秒传输的事务数）、QPS（每秒查询率）、HPS（每秒点击数）等，有的性能测试工具本身就提供，例如 LoadRunner 就对服务器端的资源利用率提供了监控功能。我们还可以借助一些像 nmon 这样的小工具来完成资源特性的获取。

3.　故障诊断

如果在并发访问阶段的压力测试过程中发现存在服务性能问题（一般可通过监控值、响应时间、TPS 等指标做出综合判断），则需要引入故障诊断工具。故障诊断工具有很多种，商用工具推荐 YourKit，开源工具则推荐 jstat、Visual VM、jps、jsinfo、jstack 等。

配置好故障诊断工具后，便可再次进行压力测试，然后对测试结果进行综合分析并找到解决方案。

4.　最小计算单元的划分以及扩容方案的制定

性能测试是解决故障、评估服务算力的一种重要手段。通过进行最小计算单元的划分并评估最小计算单元的服务算力，当后续出现性能问题时，我们就可以快速制定扩容方案，为系统的弹性计算、动态扩容/缩容等提供数据支持。

6.2　性能测试即代码

从事性能测试工作的人很多都听说过 LoadRunner，不过知道 Locust 的人估计比较少，这两款工具各有优势，在实际项目中具体选用哪一个由性能测试工程师根据情况而定。不过，在容器化技术盛行的当下，LoadRunner 变得不怎么好用。LoadRunner 和 Locust 都提供了 UI 的脚本编辑和录制、场景设置等功能，这导致在容器上使用它们时只能做并发模拟，脚本的编写则需要在客户端的 PC 上来完成。对于容器上的性能测试工具，我们希望它们具有如下功能。

❑ 支持在 PC 上编辑脚本并调试。

❑ 支持在容器上编辑脚本并调试。

❑ 支持在服务器端进行性能测试。

❑ 拥有服务器端的性能场景设置功能。

❑ 拥有服务器端无 UI 的场景设置功能。

❑ 能和 CI（Continuous Intergration，持续集成）系统集成。

综上所述，强烈推荐使用 Locust。即便不是在容器上使用，Locust 也是不错的选择。Locust 是开源的性能测试工具，支持使用 Python 代码定义用户行为，并采用纯 Python 描述测试脚本。使用 Locust 可以模拟百万级并发用户访问系统。除 HTTP/HTTPS 之外，Locust 还可以用来测试使用其他协议的系统，只需要采用 Python 调用对应的库并对请求进行描述即可。Locust 还是分布式的用户负载测试工具，可用来对网站或其他系统进行负载测试。使用 Locust 可以测试出系统能够并发处理多少用户，这完全是基于时间的，因此单台机器可能支持几千个并发用户。LoadRunner 与其他采用进程和线程的测试工具则很难在单台机器上模拟出较高的并发压力。相比许多其他事件驱动型应用，Locust 不使用回调，而是使用轻量级的处理方式——协程（coroutine）。协程是一种用户态的轻量级线程，由用户控制。协程拥有自己的寄存器上下文和栈，在进行调度的切换时，协程会将寄存器上下文和栈保存到其他地方，等到切换回来的时候，便可以恢复保存的内容，从而降低内核切换方面的消耗。同时，协程还可以不加锁地访问全局变量。协程避免了系统级资源的调度，因而大幅提高了单台机器的并发能力。

6.3 Locust 和 LoadRunner 的对比

LoadRunner 是性能测试领域的标志性工具。LoadRunner 以模拟使用上千万用户实施并发负载并进行实时性能监控的方式来确认和查找问题，因而能够对整个软件架构进行测试。LoadRunner 还能最大限度地缩短测试时间、优化性能并缩短应用系统的发布周期。LoadRunner 适用于各种体系架构的自动负载测试，能预测系统行为并评估系统性能。LoadRunner 的免费版本仅支持 50 个并发用户，这对于自学确实够用了，但对于工程应用远远不够。下面我们通过建立模拟的性能测试场景来对比一下 Locust 和 LoadRunner。

6.3.1　场景设置

分别使用 Locust 和 LoadRunner 完成图 6-1 所示场景的性能测试，然后综合对比这两款工具。

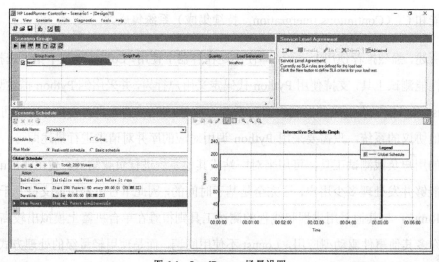

图 6-1　LoadRunner 场景设置

按照表 6-1 所示的性能测试场景，分别进行 LoadRunner 和 Locust 场景设置。图 6-1 显示了 LoadRunner 场景设置。

表 6-1　性能测试场景

SUT（被测系统）	部署到局域网的 Web 服务系统
测试接口	首页的 GET 请求接口
并发用户数	200
压力持续时间	5min
压力启动阶段	每秒启动 50 个并发用户

SUT（被测系统）	部署到局域网的 Web 服务系统
等待时间	忽略
每次迭代执行间隔	无间隔
压力结束后	停止所有访问，全部进入结束流程，没有逐渐退出的设置

Locust 的场景设置方法如代码清单 6-1 所示。

代码清单 6-1

```
locust -f test_get.py  --host=http://www.***.*** --no-web -c 200 -r 50 -t 5m
```

其中参数的作用如下。

❑　--host 用于指定被测应用的 URL。

❑　--no-web 表示不使用 Web 界面进行测试。

❑　-c 用于设置虚拟用户数。

❑　-r 用于设置每秒启动的虚拟用户数。

❑　-t 用于设置运行时间。

6.3.2　结果对比

LoadRunner 的测试结果如图 6-2 所示。

从测试结果可以看出，LoadRunner 共运行 5 分 32 秒，发送请求 26 599 次，最短响应时间为 0.024s，平均响应时间为 0.36s，最长响应时间为 18.05s，90 分位数为 0.287s，没有访问失败的情况发生。

Locust 的测试结果如图 6-3 所示。

从测试结果可以看出，Locust 发送请求 42 099 次，最短响应时间为 29ms，最长响应时间为 17 028ms，平均响应时间为 1394ms，90 分位数为 1500ms，没有访问失败的情况发生。

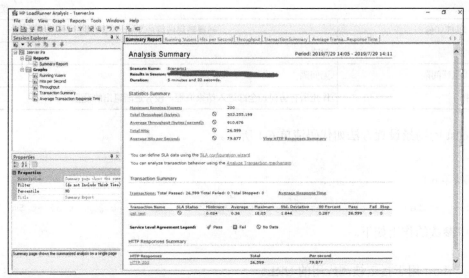

图 6-2 LoadRunner 的测试结果

Name	# reqs	# fails	Avg	Min	Max
GET XXXXXXXXXXXXXXXXXXXXX	42099	0(0.00%)	1394	29	17028
Total	42099	0(0.00%)			

Percentage of the requests completed within given times

Name	# reqs	50%	66%	75%	80%	90%
GET XXXXXXXXXXXXXXXXXXXXX	42099	1300	1300	1300	1400	1500
Total	42099	1300	1300	1300	1400	1500

图 6-3 Locust 的测试结果

6.3.3 对比分析

表 6-2 对 LoadRunner 和 Locust 的测试结果做了对比分析。

表 6-2 对比分析 LoadRunner 和 Locust 的测试结果

工具	LoadRunner	Locust
最短响应时间（单位是毫秒）	24	29
最长响应时间（单位是毫秒）	18 050	17 028
平均响应时间（单位是毫秒）	360	1394
90 分位数（单位是毫秒）	287	1500
发送请求数	26 599	42 099

从表 6-2 可以看出，LoadRunner 和 Locust 的最长响应时间和最短响应时间差不多，但是 Locust 发送请求的效率比 LoadRunner 高，这会导致更多的请求需要在服务器端进行处理。LoadRunner 的平均响应时间短于 Locust，并且 90 分位数也优于 Locust，原因可能是 Locust 发送请求的速度更快，因而单位时间内发送的请求更多。这会导致要在服务器端进行处理的请求增多，响应时间受到影响。但是，性能测试无论使用什么工具，得到的都是相对结果，因此我们只需要保证在测试及优化过程中使用相同的工具和网络环境进行测试，就可以达到性能测试和优化原始工作的预期。

6.4　初识 Locust 和常用参数

讲了这么多好处，那么如何开始使用 Locust 呢？首先要保证自己的计算机上安装了 Python 3.x 系列的某个 Python 版本并且已经配置好，然后便可通过代码清单 6-2 所示的命令安装 Locust。

代码清单 6-2

```
pip install  locust
```

在 GitHub 网站上搜索"locustio/locust"，找到 Locust，将代码复制到本地后，打开 setup.py 文件，里面的内容如代码清单 6-3 所示。

代码清单 6-3

```
install_requires=["gevent>=1.2.2", "flask>=0.10.1", "requests>=2.9.1",
                  "msgpack>=0.4.2", "six>=1.10.0", "pyzmq>=16.0.2"]
```

Locust 使用了很多开源的依赖库，如下所示。

❑ Gevent：一个基于协程的 Python 网络库，其本身是对 greenlet 的高级封装， greenlet 则封装了 libevent 事件循环的高层并发 API。Locust 利用 Gevent 实现了协程机制。

❑ Flask：一个使用 Python 编写的轻量级 Web 应用框架。Locust 利用 Flask 实现了 UI 的控制台设置。

❑　requests：该库比较常用。Locust 使用 requests 库实现了对 HTTP 的封装。

❑　msgpack：一种快速、紧凑的二进制序列化格式，适用于类似 JSON 格式的数据。

❑　six：提供了一些简单的工具来封装 Python 2 和 Python 3 之间的差异性。

❑　Pyzmq：用来支持 Locust 的分布式运行。

Locust 的优势这么明显，那么如何开始使用 Locust 进行性能测试呢？由于 Locust 是纯 Python 驱动的性能测试框架，因此只要使用 Python 完成接口测试脚本的编写，就可以快速将接口测试脚本转换成 Locust 支持的性能测试脚本并完成性能测试工作了。下面以访问 Battle 系统的首页为例，建立 Locust 性能测试脚本，如代码清单 6-4 所示。

代码清单 6-4

```
1   #!/usr/bin/env python
2   # -*- coding: utf-8 -*-
3   '''
4   @File    :   index_stress.py
5   @Time    :   2021/10/20 17:28:18
6   @Author  :   CrissChan
7   @Version :   1.0
8   @Site    :   *****://****.****.***/crisschan
9   @Desc    :   locust  script
10  '''
11
12  # 导入 Locust 的 HttpUser、TaskSet 和 task 类
13  from locust import HttpUser, TaskSet, task
14
15  # 定义用户行为（也就是测试用例）
16  class IndexTask(TaskSet):
17      '''
18      虚拟用户的行为
19      '''
20      @task(100)
21      def index(self):
```

```
22              self.client.get('/')              # 访问 Battle 系统的首页
23
24    # 设置测试场景
25    class WebSiteUser(HttpUser):
26        tasks = [IndexTask]
27        min_wait = 1                             # 每个请求的最短等待时间
28        max_wait = 5                             # 每个请求的最长等待时间
29        host = 'http://127.0.0.1:12356'
```

在上述代码中，IndexTask 类继承自 TaskSet 类，主要用来描述虚拟用户的行为，里面包含不同任务对应的不同测试用例。index()方法表示测试用例，可通过@task 装饰器将其描述成任务。在测试用例中，可通过 client.get()方法完成 HTTP 下 GET 请求的访问，传入的参数是相对路由。由于测试脚本访问的是 Battle 系统的首页，因此这里传入的参数是 "'/'"。WebSiteUser 类用于设置测试场景。该类的成员如下。

❑　task：指向定义的用户行为类。

❑　min_wait：执行事务之间用户等待时间的下界（单位是毫秒）。

❑　max_wait：执行事务之间用户等待时间的上界（单位是毫秒）。

❑　host：指定要访问的根网址。

Locust 提供了两种启动性能场景的方法。第一种是通过 Web UI 启动性能场景。首先通过 Flask 启动一个 Web 程序，然后通过 UI 设置启动测试。输入代码清单 6-5 所示的启动命令（可在命令行窗口中输入）。

代码清单 6-5

```
locust -f .\index_stress.py --host=http://127.0.0.1:12356
```

其中两个选项的作用如下。

❑　-f 用于指定测试脚本。

❑　--host 用于指定被测应用的 URL。

输入启动命令后，若出现代码清单 6-6 所示的信息，则表示启动成功。

代码清单 6-6

```
[2019-08-20 11:11:15,039] ChanCrissdeMacBook-Pro.local/INFO/locust.main: Starting
web monitor at *:8089
[2019-08-20 11:11:15,040] ChanCrissdeMacBook-Pro.local/INFO/locust.main: Starting
Locust 0.11.0
```

我们可以通过在浏览器中输入 http://127.0.0.1:8089 来访问 Locust 的场景设置 UI。图 6-4 显示了当前场景下所要测试的 URL。

图 6-4 中部分选项的含义如下。

❑　Number of users（peak concurrency）：想要模拟的用户数。

❑　Spawn rate（users started/second）：每秒启动的虚拟用户数。

图 6-4　设置场景

单击 Start swarming 按钮，即可进入图 6-5 所示的运行界面，然后就可以开始测试了。

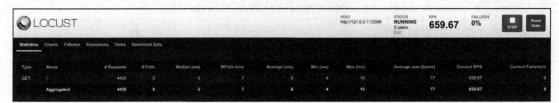

图 6-5　运行界面

在性能测试过程中，运行界面的顶部除显示 Locust 的 LOGO 之外，还显示了被测系统的根地址、虚拟用户的运行状态、RPS（每秒请求数）和实时的失败率，最右侧的两个按钮则分别用于重置和暂停统计数据，如图 6-6 所示。

图 6-6　运行界面的顶部

对于虚拟用户，我们既可以查看当前所有虚拟用户的运行状态，也可以通过单击虚拟用户运行状态下方的 Edit 来实时修改虚拟用户的数量以及每秒启动的虚拟用户数。要停止测试，单击停止按钮。若单击 Reset Stats 按钮，则会重置下方实时显示的列表，如图 6-7 所示。

图 6-7　实时显示的列表

在图 6-7 所示的列表中，部分字段的含义如下。

❑　Type：请求的类型，如 GET/POST。

❑　Name：请求的路径（主要相对于 host 而言）。

❑　# Requests：当前请求的数量。

❑　# Fails：当前请求失败的数量。

❑　Median（ms）：中间值，单位是毫秒。通常情况下，50%的服务器响应时间低于中间值，而剩下 50%的服务器响应时间高于中间值。

❑　Average（ms）：平均值，单位是毫秒，表示所有请求的平均响应时间。

❑　Min（ms）：请求的最短服务器响应时间，单位是毫秒。

❑　Max（ms）：请求的最长服务器响应时间，单位是毫秒。

❑　Average size（bytes）：平均请求的大小，单位是字节。

❑ Current RPS：当前的每秒请求数。

❑ Current Failures/s：当前的请求失败数。

Charts 标签页包含各种实时统计的曲线，如图 6-8 所示。每次刷新后，历史数据并不会保留，而是根据实时数据重新绘制不同的曲线，涵盖的信息包括每秒请求数、响应时间（如响应时间的中位数和 95 分位数）与虚拟用户数。

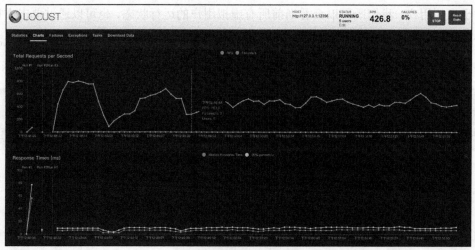

图 6-8　实时统计的曲线

Failures 标签页显示了在测试过程中出现的所有错误和数据的统计信息。Exceptions 标签页实时显示了抛出的异常。Tasks 标签页显示了性能测试过程中任务的全部信息。通过 Download Data 标签页，我们可以下载收集的一些数据，包括请求数据、响应数据以及使用脚本捕获的异常等。

除上述 UI 交互的场景设置和运行方式之外，Locust 还提供了一种无 UI 的性能场景启动方式，我们通过这种方式可以实现 Locust 与 CI 的无缝衔接。无 UI 的场景设置是通过命令来完成的，如代码清单 6-7 所示。

代码清单 6-7

```
locust -f load_test.py --host=https://www.imooc.com/ --headless -u 5  -r 5
    --run-time 1h30m
```

其中，参数的作用如下。

❑ -f 用于指定测试脚本。

❑ --host 用于指定被测应用的 URL。

❑ --no-web 表示使用无 UI 启动方式。

❑ -u 等同于 UI 启动方式下的 Number of users（peak concurrency），用于设置想要模拟的用户数。

❑ -r 等同于 UI 启动方式下的 Spawn rate（users started/second），用于设置每秒启动的虚拟用户数。

❑ --run-time 用于设置测试运行的时长，也就是 LoadRunner 中的压力持续时间。

配置好场景设置参数后，按 Enter 键，就会出现图 6-9 所示的内容。

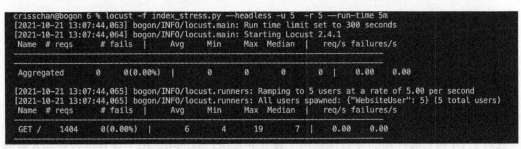

图 6-9　无 UI 的控制台中的内容

每秒会把一张实时快照输出到控制台，所有测试都执行完之后，控制台将会显示整体的测试结果，如图 6-10 所示。

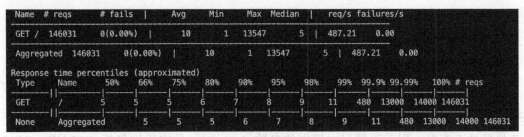

图 6-10　整体的测试结果

这里会显示和 UI 启动方式下一样的结果，并且会统计 50 分位数、66 分位数、75 分位数、80 分位数、90 分位数、95 分位数、98 分位数、99 分位数、99.9 分位数、99.99 分位数和 100 分位数的响应时间，同时还会显示一共发出多少个请求。部分分位数的含义如表 6-3 所示。

表 6-3　部分分位数的含义

分位数	含义
50 分位数（中位数）	表示有 50%的数据小于这个值，反映中等水平
75 分位数	表示有 75%的数据小于这个值，反映较高端水平
90 分位数	表示有 90%的数据小于这个值，反映高端水平
100 分位数	表示最大值

虽然 Locust 支持 UI 和无 UI 两种模式，但 Locust 提供的部分参数不完全支持这两种模式。例如，有些参数只对 UI 模式起作用，而有些参数只对无 UI 模式起作用。

只对 UI 模式起作用的参数包括用于指定 UI 控制台访问地址的--web-host，以及用于指定 UI 控制台访问端口的-P、--web-port 等，这些参数严格区分大小写，如代码清单 6-8 所示。

代码清单 6-8

```
locust -f index_stress.py --host=http://127.0.0.1:12356 --web-port=8888
        --web-host=192.168.1.2
```

按 Enter 键启动成功后，便可通过在浏览器中输入 192.168.1.2:8888 来访问控制台。

只对无 UI 模式起作用的参数包括用于设置并发用户数的-u、用于设置每秒启动人数的-r，以及用于设置测试运行时间的--run-time（时间单位 m 表示分钟，h 表示小时，s 表示秒），如代码清单 6-9 所示。

代码清单 6-9

```
locust -f load_test.py --host=https://www.imooc.com/ --headless -u 5  -r 5
        --run-time 1h30m
```

无论是 UI 模式还是无 UI 模式，对它们都起作用的参数如下：用于保存测试结果的参数--csv，最终的测试结果都会被自动保存到指定的 CSV 文件中，读者可以从当前目录下或指定的其他目录下查看；用于设置日志级别的参数--loglevel，日志级别包括 DEBUG、INFO、

WARNING、ERROR 和 CRITICAL，默认的日志级别是 INFO；用于设置日志文件路径的参数 --logfile，如果不进行设置，Locust 默认会将日志输出到交互窗口中。

注意，在 DEBUG 日志级别下，Locust 将会输出大量的信息，通常在出现问题后才会使用 DEBUG 日志级别；在 INFO 日志级别下，一切都将按预期进行，输出的信息要比 DEBUG 日志级别稍微少一些；在 WARNING 日志级别下，只有当一些意想不到的事情发生时才会输出信息；在 ERROR 日志级别下，只有当发生错误且未能使用一些预期的功能时才会输出信息；在 CRITICAL 日志级别下，仅当发生严重的错误且无法运行时才会输出信息。

Locust 支持分布式架构，可通过 master 和 slave 方式完成性能测试。其中，master 配置如代码清单 6-10 所示。

代码清单 6-10

```
locust -f index_stress.py --host= http://127.0.0.1:12356
        --master --master-bind-port=5557 --master-bind-host=192.168.1.134
```

其中，部分参数的作用如下。

❑ --master 表示以主服务模式启动 Locust。

❑ --master-bind-port 用于为主服务指定 IP 地址（可选，默认为 127.0.0.1）。

❑ --master-bind-host 用于为主服务设置固定的端口（可选，默认为端口 5557）。Locust 在启动后会使用两个端口：一个是设置的端口，另一个是对设置的端口号加 1 的端口。因此，如果设置的是端口 5557，那么 Locust 将使用端口 5557 和端口 5558。

对应的 slave 配置如代码清单 6-11 所示。

代码清单 6-11

```
locust -f load_stress.py --slave --master-host=192.168.1.134 --master-port=5557
```

其中，部分参数的作用如下。

❑ --slave 表示以从服务模式启动 Locust。

❑　--master-host 用于为从服务指定主服务的 IP 地址。

❑　--master-port 用于为从服务指定主服务的端口。

先启动主节点，再启动从节点。从节点启动后，主节点将返回代码清单 6-12 所示的信息。

代码清单 6-12

```
Client '86758afc55ff41f996c5e3e4d6321c19' reported as ready. Currently 1 client ready
    to swarm
```

分布式启动的 UI 控制台如图 6-11 所示。

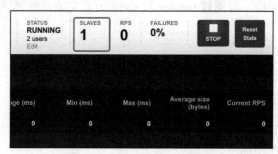

图 6-11　分布式启动的 UI 控制台

6.5　详解 Locust 的关键代码

Locust 是开源项目，其源代码可从 GitHub 仓库下载。Locust 的关键代码如代码清单 6-13 所示。

代码清单 6-13

```
1    # 使用不带参数的 neutron 命令进入控制台
2    #!/usr/bin/env python
3    # -*- coding: utf-8 -*-
4    '''
5    @File    :   index_stress.py
6    @Time    :   2021/10/20 17:28:18
7    @Author  :   CrissChan
```

```
8   @Version :    1.0
9   @Site    :    https://blog.csdn.net/crisschan
10  @Desc    :    locust  script
11  '''
12
13  # 导入 Locust 的 HttpUser、TaskSet 和 task 类
14  from locust import HttpUser, TaskSet, task
15
16  # 定义用户行为（也就是测试用例）
17  class IndexTask(TaskSet):
18      '''
19      the VUser' behavior
20      '''
21      @task(100)
22      def index(self):
23          self.client.get('/')      # 访问首页
24
25  # 设置测试场景
26  class WebsiteUser(HttpUser):
27      tasks = [IndexTask]           # 将测试用例添加到测试套件中
28      min_wait = 1                  # 设置每个请求的最小等待时间
29      max_wait = 5                  # 设置每个请求的最大等待时间
30      host = 'http://127.0.0.1:12356'
31      weight=1   # 设置每一个 HttpUser 场景运行时的权重，权重越大，场景被执行的概率越大
32
33  # 设置测试场景
34  class WebsiteAdmin(HttpUser):
35      tasks = [IndexTask]           # 将测试用例添加到测试套件中
36      min_wait = 1                  # 设置每个请求的最短等待时间
37      max_wait = 5                  # 设置每个请求的最长等待时间
38      host = 'http://127.0.0.1:12356'
39      weight=2    # 设置每一个 HttpUser 场景运行时的权重，权重越大，场景被执行的概率越大
```

从上述代码可以看出，所有的测试场景都继承自 HttpUser 类，每一个测试场景都是 HttpUser 类的子类。在 HttpUser 类的子类中，可通过 tasks 调用对应的测试用例，这可以看成一种 PO（Page Object）模式，TaskSet 则对应 PO 模式下 PageObject 类的子类，HttpUser 对应测试用例类。min_wait 和 max_wait 分别表示在执行两个任务期间等待时间的下限与上限（单

位为毫秒）。weight 用于设置每一个 HttpUser 场景运行时的权重，权重越大，场景被执行的概率越大。TaskSet 是任务的集合，每次执行场景时，Locust 都会先从 TaskSet 中随机挑选一个任务并执行，我们可以通过在 @task 的后面指定权重的方式，设置哪个测试用例被执行的概率更大，然后等待由 min_wait 或 max_wait 指定的一段时间后，再从 TaskSet 中挑选其他任务继续执行。@task 会按照权重执行对应的测试用例，如果希望顺序执行所有的测试用例，那么需要让测试用例类继承自 SequentialTaskSet 类，如代码清单 6-14 所示。

代码清单 6-14

```
1    # 定义用户行为（也就是测试用例）
2    class IndexTask(SequentialTaskSet):
3        '''
4        the VUser' behavior
5        '''
6        @task
7        def index(self):
8            self.client.get('/')# 访问首页
9
10       @task
11       def index1(self):
12           self.client.get('/')# 访问首页
```

在上述代码中，即便在 @task 的后面指定了权重，所有的测试用例也会按顺序执行。

6.6　断言和参数化

在使用 JMeter 或 LoadRunner 时，参数化是一项十分常用的功能。参数化功能以及一些参数策略能使我们的测试用例更加贴合实际。另外，我们可以使用检查点来验证每次访问的正确性。Locust 主要通过断言来完成检查点的设置。断言用于检查测试中得到的响应数据等是否符合预期，断言可看成异常处理的一种高级形式，相当于一种布尔表达式。测试中常用的检查点机制在 Python 中已得到很好的支持。

Locust 提供的 ResponseContextManager 类继承自 Response 类，主要起传递和管理上下文

的作用。与父类 Response 相比，ResponseContextManager 类新增加了 success()和 failure()两个函数。我们可以使用 ResponseContextManager 类手动将 HTTP 请求标记为成功或失败状态，如代码清单 6-15 所示。

代码清单 6-15

```
1   # 导入 Locust 的 HttpUser、TaskSet 和 task 类
2   from locust import HttpUser, TaskSet, task
3
4   # 定义用户行为（也就是测试用例）
5   class IndexTask(TaskSet):
6       '''
7       the VUser' behavior
8       '''
9       @task(100)
10      def index(self):
11          # 访问首页，可通过 catch_response = True 将请求标记为失败
12          with self.client.get('/', catch_response=True) as response:
13              # 如果 HTTP 状态码是 404，就报告此次请求失败
14              if response.staus_code == 404:
15                  response.faile('index is error')
16
17  # 设置测试场景
18  class WebsiteUser(HttpUser):
19      tasks = [IndexTask]        # 将测试用例添加到测试套件中
20      min_wait = 1               # 设置每个请求的最短等待时间
21      max_wait = 5               # 设置每个请求的最长等待时间
22      host = 'http://127.0.0.1:12356'
23      weight=1   # 设置每一个 HttpUser 场景运行时的权重，权重越大，场景被执行的概率越大
```

在压力测试过程中，当断言失败且没有找到预期的内容时，在 UI 模式下，控制台的 Failures 标签页中将出现图 6-12 所示的错误消息。

# fails	Method	Name	Type
12	GET	/	CatchResponseError('Index 报错!')

图 6-12　输出的错误消息

除用于测试正确性的检查点可利用断言完成设置之外，参数化也是性能测试人员必须掌握的技能。Locust 是纯 Python 驱动的性能测试框架，这让 Locust 有了无限可能，任何代码逻辑能处理的也都可以使用 Locust 来处理。下面以访问百度搜索引擎并提供不同的搜索关键字为例进行讲解，如代码清单 6-16 所示。

代码清单 6-16

```
1    # 导入 Locust 的 HttpUser、TaskSet 和 task 类
2    from locust import HttpUser, TaskSet, task
3    from random import randint
4
5    # 定义用户行为（也就是测试用例）
6    class BaiDuSearch(TaskSet):
7        '''
8        the VUser' behavior
9        '''
10
11       @task
12       def baidu_search(self):
13
14
15           keyword=['接口测试','UI 测试']    # 定义搜索关键字
16
17           param_index = randint(0,1)      # 生成一个介于 0 和 1 的随机值
18           search_uri = '/s?wd='+keyword[param_index]    # 拼接 URL
19           # 进行访问搜索
20           with self.client.get(search_uri, catch_response=True) as response:
21               if response.status_code == 200:    # 如果返回的 HTTP 状态码是 200
22                   print(response.content)         # 就输出返回的内容
23                   response.success()              # 标记访问成功
24               else:
25                   response.faile('search is error! ')    # 否则标记访问失败
26   # 设置测试场景
27   class SearUser(HttpUser):
28       tasks = [BaiDuSearch]
29       min_wait = 1000
```

```
30      max_wait = 3000
31      host = "https://www.baidu.com"
```

执行测试场景后，在 UI 部分输入并发用户数和每秒启动人数后，便可看到图 6-13 所示的实时结果。

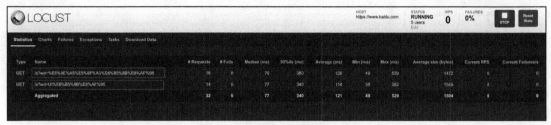

图 6-13　实时结果

可以看到，虽然只有一个 URL，但出现了两种结果，这说明参数化起了作用。

6.7　使用 Locust 测试 gRPC 接口的性能

下面介绍如何使用 Locust 测试 gRPC 接口的性能。首先，使用提供的 Proto 文件生成 gRPC 接口的访问代码，如代码清单 6-17 所示。

代码清单 6-17

```
python -m grpc_tools.protoc -I=server/proto --python_out=server/proto
    --grpc_python_out=server/proto server/proto/helloworld.proto
```

然后，将生成的 helloworld_pb2.py 和 helloworld_pb2_grpc.py 文件复制到测试脚本所在的目录。接下来，创建性能测试脚本，如代码清单 6-18 所示。

代码清单 6-18

```
1    # !/usr/bin/env python
2    # -*- coding: utf-8 -*-
3    # @Time    : 2021/6/2 4:08 下午
4    # @Author  : CrissChan
5    # @Site    : https://blog.csdn.net/crisschan
6    # @File    : load_test_grpc.py
```

163

```
7    # @Software: 这是调用 gRPC 接口的 Locust 脚本

8

9    import sys

10   import grpc

11   import inspect

12   import time

13   import gevent

14   from locust.contrib.fasthttp import FastHttpUser

15   from locust import task, events, constant

16   from locust.runners import STATE_STOPPING, STATE_STOPPED, STATE_CLEANUP,
         WorkerRunner

17   import helloworld_pb2

18   import helloworld_pb2_grpc

19

20   def stopwatch(func):

21

22       def wrapper(*args, **kwargs):

23

24

25           previous_frame = inspect.currentframe().f_back

26           _, _, task_name, _, _ = inspect.getframeinfo(previous_frame)

27           start = time.time()

28           result = None

29           try:

30               result = func(*args, **kwargs)

31           except Exception as e:

32               total = int((time.time() - start) * 1000)

33               events.request_failure.fire(request_type="TYPE",

34                                           name=task_name,

35                                           response_time=total,

36                                           response_length=0,

37                                           exception=e)

38           else:

39               total = int((time.time() - start) * 1000)

40               events.request_success.fire(request_type="TYPE",

41                                           name=task_name,

42                                           response_time=total,
```

```
43                                              response_length=0)
44              return result
45        return wrapper
46
47    class GRPCMyLocust(FastHttpUser):
48        host = 'http://127.0.0.1:50051'          # 服务器端地址和端口号
49        wait_time = constant(0)
50        def on_start(self):
51            pass
52        def on_stop(self):
53            pass
54        @task
55        @stopwatch
56        def grpc_client_task(self):
57            try:                                 # 服务器端地址和端口号
58                with grpc.insecure_channel('127.0.0.1:50051') as channel:
59                    stub = helloworld_pb2_grpc.GreeterStub(channel)
60                    response = stub.SayHello(helloworld_pb2.HelloRequest(name='criss'))
61                    print(response)
62            except (KeyboardInterrupt, SystemExit):
63                sys.exit(0)
```

最后，通过命令启动 Locust 的 UI 控制台，如代码清单 6-19 所示。

代码清单 6-19

```
locust -f  load_test_grpc.py
```

设置好性能测试场景后，我们就可以开始性能测试了。

6.8 小结

接口测试可以理解成性能测试中的单脚本调试阶段的产物，性能测试也就是接口测试的多用户并发访问的实现方式。因此，讲到接口测试，性能测试的话题便不可避免。性能测试一直被视为测试中的高阶技能，在掌握接口测试以后，再学习性能测试，这样读者就会有更深一层的理解。

第 7 章　测试主导的服务解耦

在微服务盛行的当下，当团队逐渐转向微服务架构时，测试工程师会经历从轻松到困惑，再到自我怀疑的一个过程。这是因为在把项目从单体应用改造为微服务的过程中，测试工作其实相比以前的业务测试更容易，通过测试框架为每一个接口编写测试脚本并执行就可以了。研发工程师在开发前期就定义好了微服务接口，测试工程师和研发工程师几乎同时开始各自的工作。但是，这种工作场景很快就会被蜘蛛网一样的服务调用关系破坏掉，因为几乎所有的项目中都会出现相互依赖关系，随着服务快速增长，服务之间的相互调用会导致耦合性更强。测试相关的很多工作被迫变成线性任务，测试工程师在等待中浪费了大量宝贵的工作时间。

7.1　微服务下混乱的调用关系

微服务是开发软件的一种架构和组织方法：先利用模块化设计实现单一功能，再通过组合实现复杂逻辑，进而实现大型系统的业务逻辑。各功能区块可使用与语言无关的 API（如 REST）集实现相互通信，并且每个服务都可以单独部署。微服务是为大型服务设计和开发的，能够伴随业务的快速增长，从系统承载力到系统负载度多方位满足大型系统的业务需求。此时，系统的可维护性和可扩展性成为架构设计的主要考虑因素。但是，由于复杂的相互依赖关系，服务之间的调用关系也变得比较混乱。例如，服务 A 依赖于服务 B，服务 B 依赖于服务 C，如图 7-1 所示。

图 7-1　服务之间的依赖关系

这种混乱主要表现在以下两方面。

❑ 当持续集成流水线部署服务 A 时，由于对应的研发工程师团队也在做同步改造，导致测试环境中的服务 B 不可用，如图 7-2 所示。

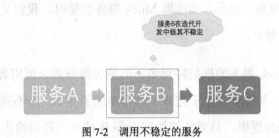

图 7-2　调用不稳定的服务

❑ 由于服务 B 依赖于服务 C，而服务 C 尚未开发完，导致即使服务 A 和服务 B 都没有问题，也仍然没有办法完成服务 A 的接口测试，如图 7-3 所示。

图 7-3　调用的服务 C 尚未开发完

其实这种服务 A 依赖服务 B，而服务 B 依赖服务 C 的情况比较简单。更多情况下，服务会随着开发变得越来越复杂，服务之间的调用关系就像蜘蛛网一样错乱，我们很难弄清楚外部依赖到底有几层以及某个接口到底依赖多少个外部接口。

这就导致虽然被测系统已经开发完，测试脚本也已经准备就绪，但测试工作就是无法进行的局面。对于此类问题，我们可以使用 Mock 服务来解决。

7.2　如何进行微服务的解耦

针对服务之间混乱的调用关系，解决思路如下：

如果被测服务是服务 A，那么测试工程师不用管服务 B 是否好用，只要保障服务 A 能够走完流程，就可以完成接口测试任务了。

根据上述思路，只要用 Mock 服务伪装服务 B 就一劳永逸了，测试工程师不用再关心服务 B 到底调用了多少其他服务。但是，当选取 Mock 服务框架时，我们又面临一个问题，那就是用什么来实现服务 B 的替身。

如今，可以实现 Mock 服务的框架特别多，但绝大部分要求使用者具备扎实的代码基础，每完成一个 Mock 服务，其实就相当于完成一个简单的服务 B。所不同的是，我们不需要实现原有服务 B 上负载的处理逻辑，只要能够按照服务 B 的处理逻辑给出对应的返回结果就可以了。因此，有些团队称这样的服务为挡板系统，这种叫法很形象。也就是说，在测试过程中，如果有调取 Mock 服务的请求参数，那么只需要返回约定好的结果就可以了，至于其他的一系列验证或微服务调用，都不在 Mock 服务的设计范围之内。这就像对着墙打乒乓球一样，墙是假设的对手，只要能把打过去的球弹回来就可以了。那么，站在测试工程师的角度，Mock 服务如何选择呢？

首先，我们要基于团队自身的技术栈做出选择，这决定了服务 B 的替身的完成速度。但是，无论服务 B 的替身做得多完美，它始终只是一个 Mock 服务，它存在的意义就是帮助测试工程师快速完成服务 A 的接口测试工作。因此，选择学习成本低、上手快且完全适合团队自身技术栈的 Mock 框架，能让测试人员事半功倍。

其次，写好的 Mock 服务要能够比较容易地进行修改和维护。Mock 服务就是测试过程中用来替代服务 B 的替身，就像拍电影时的替身演员一样，替身演员可能有好几个，他们需要在不同的地方拍摄不同的电影片段。Mock 服务可能有一个，也可能有好几个，用于不同的调用或测试。但是，Mock 服务会随着服务 B 的变化而变化。如果服务 B 的请求参数和返回参数发生变化，那么 Mock 服务也需要快速完成修改并且马上发挥作用。因此，只有维护起来非常容易的 Mock 服务框架才能快速投入使用并发挥作用。

Mock 服务的设计应遵从如下 3 条原则。

首先，要简单。无论服务 B 要处理多么复杂的业务流程，在设计服务 B 的 Mock 服务时，只需要关心服务 B 可以处理的几种参数组合以及对应的服务都会返回什么参数就可以了。因为只有这样才能快速抓住 Mock 服务的设计核心，从而快速完成 Mock 服务的开发。

其次，处理速度相比完美的 Mock 服务更重要。Mock 服务应按照想要替换的服务正确且快速地返回参数，而不要把大量的时间浪费在 Mock 服务的调用上，Mock 服务只是用来辅助完成接口测试的一种手段。就像对着墙打乒乓球一样，乒乓球一旦碰到墙就应该弹回来，而不是出去喝个茶或坐下休息一会儿，乒乓球才弹回来。如果设计的 Mock 服务很耗时，那么当只有一两个 Mock 服务时，影响可能还不是很明显。但是，当同时有多个 Mock 服务时，或者当需要使用 Mock 服务完成性能测试时，这就会变成一个很严重的问题，甚至有可能引发强烈的"蝴蝶效应"，导致整个被测接口的响应速度变得越来越慢。因此，我们需要建立一套快速的 Mock 服务，并尽最大可能使 Mock 服务不占用系统的调用时间。

最后，Mock 服务要能够轻量化启动且容易销毁。在启动 Mock 服务时，相信任何团队都不希望等 5min 或准备 100MB 内存。Mock 服务要能够快速启动、容易修改且方便迁移。Mock 服务既然是轻量化的辅助服务，那么就应该做到容易销毁，以便在测试完成后，能够快速且便捷地释放占用的资源。

7.3　快速、轻便的 Moco 框架

Moco 是用来简单搭建模拟服务器的程序库/工具。作为一个基于 Java 开发的开源项目，Moco 在 GitHub 上获得的关注已超过 2000 颗星。由于十分灵活，Moco 的应用已经不再局限于最初的测试和集成，而已经扩展到移动开发、前端开发以及模拟尚未开发的服务或完整的 Web 服务器等。Moco 可以为 HTTP/HTTPS、Socket 以及 RESTful 风格的 HTTP 请求提供 Mock 服务。

Moco 会根据一些配置启动真正的 HTTP 服务（比如监听本地的某个端口），当发起的请求满足条件时，就给出应答。Moco 的底层并不依赖于像 Servlet 这样的框架，而是基于名为 Netty 的网络应用框架直接编写的，这样便绕过了复杂的应用服务器。

Moco 本身支持 API 和独立运行两种方式。通过使用 API，开发人员可以在 JUnit、JBehave 等测试框架中使用 Moco。感兴趣的读者可以查看 GitHub 上 Moco 的源代码。那么测试人员如何使用 Moco 呢？对于上述类型的服务，只需要使用 JSON 脚本就可以实现，而不需要编写 Java 代码，更不需要学习 Spring 框架。

7.3.1　配置 Moco 的运行环境

在计算机上安装 JRE（Java Runtime Environment，Java 运行环境）后，运行 moco-runner-0.11.0-standalone.jar 包并指定对应语法的 JSON 文件，便可启动对应的 Mock 服务。

7.3.2　Moco 的运行

启动 HTTP 服务后，Moco 的运行只需要一行命令即可实现，如代码清单 7-1 所示。

代码清单 7-1

```
java -jar <path-to-moco-runner> http -p <monitor-port> -c < configuration-file>
```

其中，部分选项的作用如下。

❑　<path-to-moco-runner>用于指定 moco-runner-0.11.0-standalone.jar 包的路径。

❑　<monitor-port>用于指定 HTTP 服务监听的端口。

❑　<configuration-file>用于配置文件路径。

通过执行代码清单 7-2，我们可以在本地启动 HTTP 服务，HTTP 服务监听的是端口 12341，配置文件是 MocoApi.json。在本地发起 HTTP 请求，如 http://localhost:12341，启动信息如图 7-4 所示。由于 JSON 文件不支持注释，因此图 7-4 中的注释是从 description 字段中获取的。

代码清单 7-2

```
java -jar "D:/ moco-runner-standalone.jar" http -p 12341 -c "D: \MocoApi.json"
```

```
29 三月 2018 00:07:33 [main] INFO  Server is started at 12341
29 三月 2018 00:07:33 [main] INFO  Shutdown port is 50278
```

图 7-4　启动信息

7.3.3 Moco 的 JSON 语法

1. uri

模拟指定 URI 服务并返回固定文本内容，如代码清单 7-3 所示。

代码清单 7-3

```
1   [
2     {
3       "request": {
4         "uri": "/"
5       },
6       "response": {
7         "text": "Mocor A Is Running"
8       }
9     }
10  ]
```

2. queries

模拟带有参数的 GET 请求，如代码清单 7-4 所示。

代码清单 7-4

```
1     [
2     {
3       "request": {
4         "uri": "/test",
5         "queries": {
6           "username": "c"
7         }
8       },
9       "response": {
10          "text": "Mocor A Is Running"
11        }
```

```
12      }
13  ]
```

3. method（GET）

模拟 GET 请求，如代码清单 7-5 所示。

代码清单 7-5

```
1   [
2     {
3       "request": {
4         "method": "get",
5         "uri": "/test"
6       },
7       "response": {
8         "text": "Mocor A Is Running"
9       }
10       }
11  ]
```

4. method（POST）

模拟 POST 请求，如代码清单 7-6 所示。

代码清单 7-6

```
1    [
2      {
3        "request": {
4          "method": "post",
5          "uri": "/test"
6        },
7        "response": {
8          "text": "Mocor A Is Running"
9        }
10        }
11  ]
```

5. 协议头

模拟协议头，如代码清单 7-7 所示。

代码清单 7-7

```
1   [
2     {
3       "request": {
4         "method": "post",
5         "headers": {
6           "content-type": "application/json"
7         }
8       },
9       "response": {
10          "text": "Mocor_XNTest"
11        }
12      }
13  ]
```

6. cookie

模拟 cookie 响应内容，如代码清单 7-8 所示。

代码清单 7-8

```
1   [
2     [
3       {
4         "request": {
5           "uri": "/test",
6           "cookies": {
7             "username": "c"
8           }
9         },
10        "response": {
11          "text": "Mocor A Is Running"
12        }
```

```
13          }
14      ]
```

7. forms

模拟接收表单的服务,如代码清单 7-9 所示。

代码清单 7-9

```
1       [
2           {
3             "request": {
4               "method": "post",
5               "forms": {
6                 "username": "c"
7               }
8             },
9             "response": {
10                "text": " Mocor_XNTest"
11              }
12            }
13      ]
```

8. URI 的 match 匹配

通过正则表达式建立规则匹配,如代码清单 7-10 所示。

代码清单 7-10

```
1       [
2           {
3             "request": {
4               "uri": {
5                 "match": "/\\w*/mocor"
6               }
7             },
8             "response": {
9               "text": " Mocor_XNTest"
10              }
```

```
11          }
12      ]
```

9. URI 的 startsWith 匹配

通过约定 URI 开头部分建立匹配规则，如代码清单 7-11 所示。

代码清单 7-11

```
1      [
2          {
3              "request": {
4                  "uri": {
5                      "startsWith": "/mocor"
6                  }
7              },
8              "response": {
9                  "text": " Mocor_XNTest"
10                  }
11              }
12      ]
```

10. URI 的 endsWith 匹配

通过约定 URI 结尾部分建立规则匹配，如代码清单 7-12 所示。

代码清单 7-12

```
1      [
2      [
3          {
4              "request": {
5                  "uri": {
6                      "endsWith": "mocor"
7                  }
8              },
9              "response": {
10                  "text": " Mocor_XNTest"
11              }
```

```
12         }
13       ]
```

11. URI 的 contain 匹配

通过约定 URI 包含指定关键字建立规则匹配，如代码清单 7-13 所示。

代码清单 7-13

```
1      [
2        [
3          {
4            "request": {
5              "uri": {
6                "contain": "mocor"
7              }
8            },
9            "response": {
10             "text": " Mocor_XNTest"
11           }
12         }
13       ]
```

12. 约定以指定的 JSON 内容作为响应

除约定请求的内容之外，Moco 还可以约定以指定的 JSON 内容作为响应，如代码清单 7-14 所示。

代码清单 7-14

```
1    [
2      {
3        "request": {
4          "uri": "/"
5        },
6        "response": {
7          "json": {
8            "username": "mocor"
```

```
9            }
10          }
11         }
12       ]
```

13. 约定状态码

Moco 可以约定响应的状态码，如代码清单 7-15 所示。

代码清单 7-15

```
1     [
2        {
3          "request": {
4            "uri": "/"
5          },
6          "response": {
7            "status":200
8          }
9        }
10     ]
```

14. 约定协议头

Moco 可以约定响应的协议头，如代码清单 7-16 所示。

代码清单 7-16

```
1     [
2        {
3          "request": {
4            "uri": "/"
5          },
6          "response": {
7            "headers": {
8              "content-type": "application/json"
9            }
10         }
11       }
12     ]
```

15.　约定响应部分的 cookie

Moco 可以约定响应部分的 cookie，如代码清单 7-17 所示。

代码清单 7-17

```
1     [
2       {
3         "request": {
4           "uri": "/"
5         },
6         "response": {
7           "cookies": {
8             "username": "chenlei"
9           }
10        }
11      }
12    ]
```

16.　通过 redirectTo 关键字约定重定向操作

Moco 可以通过 redirectTo 关键字约定重定向操作，如代码清单 7-18 所示。

代码清单 7-18

```
1     [
2       {
3         "request": {
4           "uri": "/"
5         },
6         "redirectTo": "http://www.baidu..com"
7       }
8     ]
```

7.4 小结

在微服务盛行的当下，尤其在中台化战略的推动下，业务中台服务的依赖关系越来越复杂，并且随着团队内部微服务的数量越来越多，测试团队面临的被测系统成了一团乱麻，测试工程师很容易找不到头绪。

微服务之间相互依赖会导致混乱的系统调用关系，尽快掌握 Mock 服务框架有助于测试工程师在混乱中理清思路，快速进行接口测试并交付高质量的项目。Mock 的技术栈与测试框架的技术栈在选择上是有区别的。当选择 Mock 的技术栈时，重点考虑的是学习成本，把学习成本降到最低是选择 Mock 服务框架时的首要关注点。

第 8 章　持续测试

随着工程自动化的不断推进，研发效能在企业制品中的重要性越来越高，这不仅推动了持续集成、持续部署和持续交付的落地实践，而且推动了持续测试的落地实践。

8.1　持续集成、持续交付和持续部署下的持续测试

在传统的 IT 开发模式下，团队中的各个角色之间有着明显的工作界限，每个人都对自己的工作负责，而不对团队交付物负责，如图 8-1 所示。

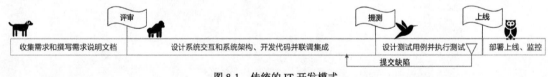

图 8-1　传统的 IT 开发模式

在传统的 IT 开发模式下，产品经理要做的主要工作就是收集需求和撰写需求说明文档，并在需求说明文档通过评审后将其交给开发人员；开发人员在拿到需求说明文档后，就开始设计系统交互和系统架构、开发代码并联调集成，等调试通过后，便将系统交给测试人员；测试人员依据被测系统和需求说明文档等设计测试用例并执行测试，测试通过后，将系统交给运维人员，完成部署并进行监控。这种模式存在很多问题，例如，面向测试进行开发会导致团队交付物的质量完全依赖于测试人员所做的验证工作，研发提测质量差；需求变更会导致需求说明文档远远落后于交付的项目，很多滞后的变更将导致不得不返工，浪费团队之前的投入；提测后，团队疲于奔命地修复缺陷，却又发现缺陷永远修复不完，导致团队陷入永远无法交付高质

量系统的死循环。

随着工程效能的不断发展，持续集成、持续交付和持续部署在项目交付过程中逐渐落地实践，为快速实现、验证、交付客户提供了基本的技术实施可能性。图 8-2 展示了 CI/CD 阶段的示意图。

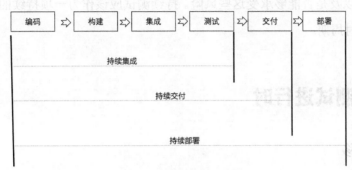

图 8-2　CI/CD 阶段的示意图

- [ ] 持续集成（Continuous Integration，CI）是指在开发人员提交代码更新后，就立刻对系统进行构建和测试（此阶段经常出现的是单元测试），然后通过测试确定新提交的代码和原有代码是否可以正确集成到一起（也就是集成到主干）。持续集成能够快速发现分支问题，防止分支严重偏离主干。持续集成旨在实现高质量的快速迭代，是一种快速发现缺陷而非解决缺陷的手段。

- [ ] 持续交付（Continuous Delivery，CD）是指定时或按需将被测系统的最新版本交给测试人员或用户，目的是对系统进行评估、评审或测试，也就是按照一定的需求将最新版本的代码不断发布到测试环境中。持续交付其实可以看作持续集成的下一步。持续交付强调的是被测系统可以随时随地交付，这决定了任何新版的被测系统都必须按照一定的需求具备可交付性。

- [ ] 持续部署（Continuous Deploy，CD）是指定时或按需将系统的某个稳定版本发布到生产环境中，从而为最终用户提供所有服务。持续部署强调的是将系统自动部署到生产环境中的流程，这决定了被测系统必须是可部署的。持续部署可以看作持续交付的下一步。

通过前面的介绍，相信读者已经能够弄清持续集成、持续交付和持续部署的关系。持续测试（Continuous Testing，CT）更偏重技术风险和业务风险，它能够对过程做出描述。持续测试将自动化测试作为系统交付过程的一部分，旨在尽快获取反馈的技术风险和业务风险。持续测试的工作重心已经从关注测试是否完成转移到考虑系统发布后是否有风险、有什么样的技术风险和业务风险以及是否能够承受这些风险。持续测试应该作为一项持续的基础性活动贯穿于系统的整个交付周期。

8.2 持续测试进行时

8.2.1 测试左移

"测试左移"的概念最早出现在 Arthur Hicken 发表的文章中。Arthur Hicken 提出，为了弥补瀑布模型的不足以及避免测试工作成为系统交付前的最后且唯一的质量保障手段，测试应左移并贯穿于项目的整个研发生命周期。这也说明测试工程师在项目的需求分析阶段就应该参与相关活动，从而在需求分析阶段就站在测试角度补充各种 AC（Acceptance Criteria，验收准则）。从需求分析开始到测试业务分析，再到测试用例设计、测试执行以及测试结论总结，都应由同一名测试工程师完成。在此过程中，这名测试工程师可以不断地理解需求并帮助澄清需求。

测试工程师通过在需求分析阶段就开始参与相关活动，能够更早地帮助发现系统在设计之初就存在的业务逻辑缺陷、使用缺陷及交互缺陷，从而将一些有可能出现在系统中的缺陷在系统开始开发之前就解决掉，避免团队投入的浪费，提高团队的投入产出比和交付效率。

此外，当研发工程师开始开发系统时，测试工程师就可以同步完成测试用例的设计。在这里，测试用例的设计并不是像传统方式下那样按照系统的操作步骤设计测试用例，而是按照业务流程的梳理结果设计测试用例。这种更深入的参与和理解能促进测试工程师获得产品的完整知识，彻底想清楚各种场景，并根据软件行为设计实时场景。以上这些都能帮助团队在编码完成之前识别出一些缺陷。测试左移聚焦于使测试人员在最重要的项目阶段就参与进来，使测试人员把关注点从发现缺陷转移到风险预防，从而避免一些技术风险和业务风险，同时驱动实现项目的商业目标。

当测试团队不断实践测试左移时，质量文化便会在整个团队中不断地建立并扩大，大家不会再将质量保障等同于在测试中发现缺陷，而是共同参与各个环节以降低业务风险和技术风险，促使团队的所有成员都积极合作，在项目的初始阶段就为满足业务需求以及避免业务风险展开工作。测试工程师为建立有效的测试策略不断努力，并在测试策略的指导下降低业务风险和技术风险，使整个团队聚焦于产品的长期价值和可靠性。

在实践测试左移时，提倡在需求进入迭代计划之前就讨论每一张需求卡片，参与每一个需求的 AC 讨论。研发工程师在开始实现需求之前，需要将自己的理解结合需求卡片上的 AC 详细地讲解给测试工程师和产品经理，大家达成一致后，研发工程师进入编码阶段，测试工程师进入测试用例准备阶段。系统开发完之后，研发工程师再次将自己完成的系统按照需求卡片上的 AC 要求演示给测试工程师和产品经理，如果一切都不存在歧义，则进入测试阶段。测试工程师在根据一些常规的测试用例设计方法补充异常用例后，就可以开始测试了。在整个过程中，团队都以交付高质量的项目为中心，而不再使用缺陷数、测试用例数、代码行数等不科学、不客观的考核指标。

8.2.2 测试右移

测试右移是相对于测试左移而言的。测试右移涉及在将系统发布到生产环境之后进行的一系列测试活动，但这些测试活动不同于我们常说的测试活动，而是通过环境监控、业务监控、APM 等手段对系统的可用性、稳定性等进行监控，从而实现一旦发现生产环境的问题，就尽快将问题提交给团队进行快速修复，从而为用户提供良好的体验。

测试右移相比测试左移更具挑战性。除常规的监控手段之外，在测试右移中，我们还可以使用 UI 自动化测试脚本、API 自动化测试脚本等实现业务级别的监控，一般称为"业务巡检"。通常情况下，运维级别的监控主要是监控一些统计值（如订单数量、访问数量），或监控一些布尔值（如网络是否畅通、是否可以远程登录等），但这些还不足以说明业务流程是有效的。因此，若利用 UI 自动化测试脚本和 API 自动化测试脚本完成线上业务巡检，便可以在出现业务问题时先于用户找到它们，从而保证线上数据的一致性并尽可能不影响线上用户。

8.3　质量门禁

质量门禁是伴随着持续集成的发展才逐渐推广开来的基于流水线的一个概念。门禁最早出现在北魏郦道元的《水经注·谷水》中，"曹子建尝行御街，犯门禁，以此见薄。"意思是说曹子建在出门时由于违反了禁止通行的一些规矩，因此才被轻视。由此可以看出，门禁代指一些规矩。质量门禁规定了流水线上与质量相关的一些规矩，持续集成流水线上常设的质量门禁如图 8-3 所示。

图 8-3　持续集成流水线上常设的质量门禁

8.3.1　开发阶段的质量门禁

最早在持续集成流水线上进行的质量活动是静态测试（主要是进行静态代码扫描）。静态测试是指不运行被测程序本身，而是通过分析或检查源程序的语法、结构、过程、接口等来验证软件的正确性。在静态测试中，被测对象是与软件相关的有必要进行测试的各种产物，包括需求说明文档、软件设计说明书、源程序、流程图等。静态测试可以手动进行，从而充分发挥人的思维优势。另外，静态测试不需要特别的条件，容易展开。但是，静态测试对测试人员的要求较高，测试人员至少需要具有编程经验。静态测试涉及的工作主要包括各阶段的评审、代码检查、程序分析、软件质量度量等。其中，各阶段的评审通常由人来完成；代码检查、程序分析、软件质量度量等既可手动完成，也可借助工具完成，但借助工具完成的效果相对要好一些。

代码检查包括代码走查、桌面检查、代码审查等，检查的内容包括代码和设计的一致性、代码的可读性、代码的编写是否遵循编程规范、代码的逻辑表达的正确性、代码结构的合理性等。通过对代码进行检查，我们可以发现程序中不安全、不明确或模糊的部分，并找出程序中不可移植的部分。此外，我们还可以通过检查变量、审查命名和类型、审查程序逻辑、检查程序语法和结构来判断程序是否违反编程规范。

从代码检查的定义可以看出，代码检查不需要借助任何服务就可以通过代码扫描来实现，整个过程都是按照预先定义好的规则来完成的，只需要针对不同的编程语言设计好不同的规则，就可以进行代码扫描并完成代码检查任务。如果这些都放到工具中来完成，并且不需要人的参与，就可以实现完全自动化。但这会导致通过代码扫描完成的代码检查只是对代码的预定规则做了检查，因而无法保证程序的编写逻辑符合预期设计。同时，如果预先定义好的规则不合理，那么代码扫描结果的偏差就会很大。由此可以看出，代码扫描虽然十分优越，但也有弊端。如果有好的开放性工具，那么也可以通过修订并选取合适的规则来达到保障质量的预期。目前，代码扫描工具不多，站在平台化、服务化的角度，同时为了兼顾 CI 流水线的需求，建议使用 SonarQube。SonarQube 的部署和使用方法详见附录 E。

在利用 SonarQube 进行静态代码扫描时，质量门禁的建立一般是由技术债务的级别决定的。例如，可以规定阻塞级别和严重级别的问题数量等于零。如果项目的长期稳定代码分支的扫描结果大于零，就说明团队不符合要求，因而需要快速偿还欠下的技术债务。这也可以通过流水线进行设置，如果不符合要求，就终止交付。

开发阶段的另一个质量门禁就是单元测试，这里可供参考的质量门禁设置如下：单元测试脚本全部运行成功并且行覆盖率达到 60%。

8.3.2 测试阶段的质量门禁

在测试阶段，首先进行的是接口冒烟测试。这里重点选取的是单接口测试用例，经常设置的质量门禁是单接口测试脚本全部运行成功。在通过接口冒烟测试后，进行接口集成测试，经常设置的质量门禁是接口测试脚本全部运行成功且所有新增代码行的覆盖率达到 75%（要求覆盖率达到 75%是因为有些新增代码可能是异常捕获或是为未来的某个业务提前上线准备的预埋逻辑）。在通过接口集成测试后，进行自动化验收测试，我们需要通过自动化验收测试来完成端到端的验收测试，经常设置的质量门禁是自动化测试脚本全部运行成功。在通过自动化验收测试后，最后进行的是 E2E 测试，也就是端到端的验收测试或探索测试，测试通过后，系统就可以部署上线了。常用质量门禁的设置如表 8-1 所示。

表 8-1　常用质量门禁的设置

质量门禁	设置
静态代码扫描	阻塞级别的问题数量为零 严重级别的问题数量为零
单元测试	单元测试脚本全部运行成功且行覆盖率达到 60%
接口冒烟测试	单接口测试脚本全部运行成功
接口集成测试	接口测试脚本全部运行成功且所有新增代码行的覆盖率达到 75%
自动化验收测试	自动化测试脚本全部运行成功
E2E 测试	测试通过

8.4　小结

　　持续测试是伴随持续集成、持续交付和持续部署而产生的。通过将测试左移，测试人员可以从需求分析阶段就保障所交付系统的质量。产品经理、研发工程师、测试工程师和运维工程师作为交付整体，共同对所交付系统的质量负责。通过将测试右移，测试人员可以将线上问题带回制品过程进行修复，提高用户对系统的满意度。测试工程师在流水线交付的过程中，可以通过建立质量门禁来保障所交付系统的质量，并通过自动化来提升质量效能，从而实现研发效能的提升。

第 9 章　智能化测试

在介绍智能化测试之前，我们先了解一下"智能"的概念。这里所说的"智能"是指人工智能（Artificial Intelligence，AI），这是一种通过普通的计算机程序来呈现人类智能的技术。美国麻省理工学院的温斯顿教授把人工智能定义为研究如何使用计算机做过去只有人才能做的智能工作。在这里，所谓的智能工作是指通过人类智慧完成的工作流程、内容和方法。

20 世纪 50 年代，人工智能开始逐渐进入人们的视野。当时，人们对人工智能的理解还很肤浅。随着越来越多的科幻电影和小说不断加入对人工智能的描述，人们才逐渐意识到人工智能将来会给人类带来巨大的影响。到了 20 世纪 80 年代，机器学习作为人工智能的一个重要分支出现了。机器学习是人工智能的核心，研究的是如何让计算机模拟或实现人类的学习行为，以获取新的知识或技能，然后重新组织已有的知识，从而不断改善自身的性能。2010 年以后，深度学习逐渐出现。深度学习是机器学习的研究领域之一，深度学习能通过建立具有层级结构的人工神经网络，在计算系统中实现人工智能。

智能化测试即人工智能驱动测试（AI-Driven Testing，AI-DT），研究的是如何使计算机做过去只有人才能做的智能测试工作。测试工程师在测试过程中只是决策者以及工具链的维护者和创造者。如今，被测系统从来没有像今天这样如此复杂。微服务化使得系统之间通过无数的 API 联系在一起，测试场景变得越来越复杂，系统复杂度的非线性增长使得测试用例的设计仅靠人工越来越难以覆盖绝大部分场景。随着项目交付工期不断缩减，测试工程师需要更高效、更准确地评价并反馈被测系统的质量。在 DevOps 盛行的当下，过程化测试变得越来越重要。随着之前月级别的交付逐渐演变成周级别的迭代交付和日级别的构建，流水线式的质量保障手段不断得到改善，过程化的测试流程变得尤为重要。智能化测试走到今天已经不再仅仅是学术领域的事情，而是已经逐渐在很多团队中落地推行。这里面既有开源工具的落地引入和改造，也有自行研发的智能化测试工具。但无论是哪一种落地实践，它们都是对智能化测试的推动和发展。以人工智能驱动测试并通过算法避免繁重的手动测试，应该是目前最行之有效的方法之一。

9.1　智能化测试是发展的必然

时至今日，软件测试已经发生很大的变化。在软件测试的早期，手动测试统治整个软件测试行业，各种测试设计方法、测试实践层出不穷，如软件测试用例的设计方法、软件测试的分类等，这些测试设计方法和测试实践直到现在仍指导着软件测试从业者。随着软件规模的不断增大和迭代周期的不断缩短，单纯依靠手动测试已经很难平衡质量和效能的矛盾。因此，自动化测试逐渐走到测试行业的前台，这也推动了测试技术的快速发展和落地。正如我们看到的那样，自动化测试就是利用一些特殊的工具和专属的框架等完成测试的执行以及测试结果的收集和对比等工作，然后将那些与预期结果不一致的流程，使用某种手段通知相关人员。

在实际工作中，回归测试需要反复进行，自动化测试使得测试工程师可以将精力和时间聚焦于新业务的测试，而不是一次又一次地完成相同的回归测试。不难看出，自动化测试确实解决了手动测试的很多痛点，此外还扩大了测试覆盖度。目前，绝大部分自动化测试是通过自动化框架驱动的——通过对测试框架进行封装，完成自动化的回归测试任务，这样既能贴近于团队的使用习惯，又能充分发挥自动化测试的作用。

近年来，不同规模的 IT 公司开始积极落地实施敏捷开发。在落地实施敏捷开发的过程中，持续集成、持续交付等变得尤为重要。一支 IT 团队如果想要落地实施敏捷开发，实现持续集成乃至持续交付，那么持续测试是不可能逾越的。测试工程师要想跟上研发节奏，不仅要提高团队的工程生产力和工程效率，还要有更加高效的质量保障手段。

在这种需求下，原来的自动化测试虽然提高了测试执行、测试结果收集及分析的效率，但是测试逻辑的建立、测试数据流的设计等工作仍主要依靠人力来完成。因此，要让测试在持续交付过程中发挥作用，而不是成为高效交付的障碍，我们就要想办法解决相应的问题。智能化测试能够很好地解决此类问题。智能化测试不仅可以实现测试逻辑的建立和测试数据流的设计，还支持后续测试的执行、测试结果的收集和分析等。智能化测试能在很大程度上释放人力，让测试工程师专心做主观判断以及进行决策等。

经过前面的讨论，我们得出如下结论：智能化测试主要研究如何用计算机去做过去只有通过人才能完成的测试工作。这样测试工程师就能够从复杂、枯燥的业务流程测试中解放出来，变成测试过程的决策者、智能化工具链的维护者和创造者。图 9-1 展示了智能化测试的优越性。

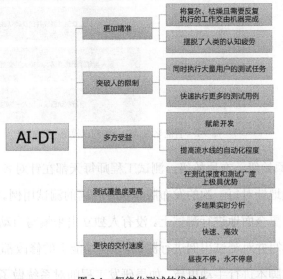

图 9-1　智能化测试的优越性

我们在反复执行某项工作时，会出现思维上的惯性和惰性，导致认知疲劳并最终影响测试结果；而有了智能化测试，就可以将复杂、枯燥且需要反复执行的工作交由机器完成，机器不存在上述问题，因为机器会永远按照约定好的规则和逻辑执行下去，因而测试结果更加精准、可靠。智能化测试可以同时执行大量用户的测试任务。这里不仅模拟大并发，而且模拟实现更接近系统真实用户的访问行为和访问规模，进而更接近系统的真实服务场景，并一直执行下去。智能化测试会逐渐将测试过程化，并且伴随着自动化测试的触发、执行和结果输出，直接赋能研发工程师，提高工程交付的自动化程度，在测试深度和测试广度上达到手动测试难以覆盖的程度，并在测试过程中依据已有的测试结果调整测试，不断优化以达到最优的测试覆盖度。显而易见，智能化测试能够使项目的交付速度更快并节省更多的人力成本。

智能化测试的分级为智能化测试的未来发展建立了美好愿景，图 9-2 展示了智能化测试的分层测试模型。

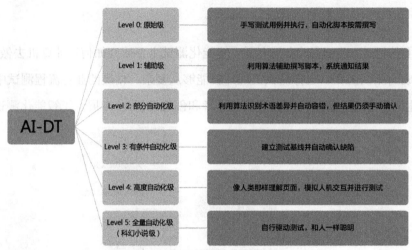

图 9-2　智能化测试的分层测试模型

- Level 0 又称原始级。在原始级，测试工程师每天都在针对各个应用手写测试用例，并一遍又一遍地针对每一次的发布版本执行相同的测试用例。测试工程师的全部精力都放在了如何更全面地进行测试上。没有人独立出来编写自动化测试脚本，测试工程师只能自行撰写并对测试用例进行测试。任何功能上的修改都意味着必须对测试用例和自动化测试脚本进行手动更新。如果研发工程师对系统做了全面修改，那么绝大部分测试用例会失效，需要重新维护并验证所有失效的测试用例，因为只有这样才能判断系统是否存在缺陷。

- Level 1 又称辅助级。在辅助级，我们可以使用智能化测试框架来分析对被测系统所做的修改是否有效。智能化测试框架能通过算法辅助测试脚本的开发、执行测试并决定测试结果能否通过。如果测试结果无法通过，智能化测试框架将通知测试工程师验证缺陷的真实性。智能化测试框架还可以辅助测试工程师，当被测系统发生更改时，AI 算法能驱动自动化测试完成全量检测，避免手动重复执行大范围的测试用例。

- Level 2 又称部分自动化级。在部分自动化级，智能化测试框架不仅能够学习应用系统用户角度的术语差异，而且能够对更改进行分组，同时 AI 算法在不断的自我学习中还可以自行更改这样的分组并通知测试工程师，这样测试工程师就可以手动介入并撤回更改。智能化测试框架能帮助测试工程师根据基线检查更改，从而将令人烦琐的工作变得简单。在部分自动化级，测试工程师仍然需要审核测试出来的所有缺陷并进行确认。

❑ Level 3 又称有条件自动化级。在有条件自动化级，智能化测试框架可以通过机器学习完成基线的建立并自动确认缺陷。例如，智能化测试框架可以根据自我学习的基线和相关规则确定 UI 层的设计（包括对齐、空白的使用、颜色和字体的使用以及布局等）是否合理。在数据检查方面，智能化测试框架可以通过对比来确定页面上显示的全部结果以及接口返回的结果是否正确。此外，智能化测试框架可以在无人干预的情况下完成测试，测试工程师只需要了解被测系统和数据规则即可。即使页面发生很大的变化，但只要逻辑没有变化，智能化测试框架就可以很好地学习和使用原来的逻辑，收集并分析所有的测试用例，然后通过机器学习等技术检测出异常，测试工程师只需要对异常进行验证即可。

❑ Level 4 又称高度自动化级。在高度自动化级，智能化测试框架可以检查页面并像人类那样理解页面。因此，当检查登录页面与配置文件以及注册页面或购物车页面时，智能化测试框架能够理解相应的语义并推动测试。登录页面和注册页面是标准页面，但大多数其他页面不是标准页面。智能化测试框架能够查看用户随时间推移进行的交互并可视化这些交互，从而了解页面或流程，即使它们是智能化测试框架从未遇到过的页面类型。智能化测试框架一旦了解页面的类型，就会使用强化学习等机器学习技术自动开始测试。智能化测试框架能够自动编写测试脚本而不仅仅是进行检查。

❑ Level 5 又称全量自动化级或科幻小说级。在全量自动化级，智能化测试框架能够与产品经理对话，从而了解应用程序并自行驱动测试。

通过上面的介绍可以看出，智能化测试的发展方向就是"去人工"，但是不要恐慌，就算发展到全量自动化级，对于测试工程师也仅仅是工作方式发生了变化，质量保障流程仍会存在。当下的测试框架和平台，绝大部分仅仅达到辅助级。要达到有条件自动化级，测试从业者还须付出更多努力。

9.2　分层测试模型中的智能化测试

智能化测试在分层测试中有一些具体的工具或平台，在这些工具或平台中，既有开源的也有商用的。智能化测试旨在让测试更智能、更高效。现实中对智能化测试的需求与智能化测试发展缓慢的矛盾日渐凸显，于是智能化测试领域出现了大量提供智能化测试服务的技术公司。

图 9-3 展示了智能化测试中的一些商用工具，这些工具确实能为用户解决一些实际的问题，这也说明智能化测试已经走到前台。

图 9-3　智能化测试中的一些商用工具

9.2.1　开源的智能化单元测试

在智能化测试中，最早开始的是单元测试的智能化。静态表分析和符号表执行很早就出现了，在之后很长的时间里，相应的开源测试框架也有了很好的发展，但是除静态表分析和符号表执行之外，还有很多其他的智能化单元测试方法，如图 9-4 所示。

智能化单元测试框架相比接口自动化层、界面自动化层更成熟。在图 9-4 中，静态表分析和符号表执行最早被用于这方面的研究，并且取得突破性进展，推荐的两款开源工具是 Symbolic PathFinder 和 JCute；基于文档的智能化单元测试框架其实是基于代码注释来完成单元测试的编写和执行，推荐的开源工具是 toradocu；基于随机测试的智能化单元测试框架推荐 RANDOOP、T3、NightHawk 和 JCrasher；基于搜索和最大化覆盖的智能化单元测试框架推荐 EvoSuite、JTExpert 和 TestFul。上面推荐的工具都有共同之处，但每一款工具也都有自身的特点。接下来，我们以 EvoSuite 为例，带领大家走进智能化单元测试框架的世界。

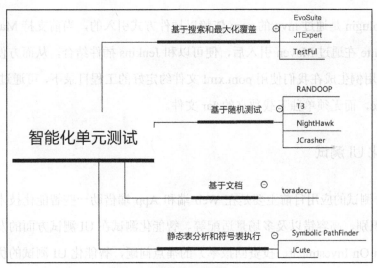

图 9-4 智能化单元测试的方法分类

EvoSuite 是由谢菲尔德大学主导开发的一款开源工具，用于自动生成测试用例集，其中的测试用例都符合 JUnit 标准，可直接在 JUnit 中运行。EvoSuite 得到了 Google 和 YourKit 的大力支持。EvoSuite 可以通过不同的覆盖指标（如行覆盖率、分支覆盖率、输出及变异测试）调整生成的测试用例，然后按照测试最小化原则将那些对测试覆盖度有贡献的测试用例保留下来，并按照 JUnit 标准以断言方式校验被测服务的逻辑。当运行 EvoSuite 时，EvoSuite 会自动启动 Mokito 框架并为所有测试函数生成 Mock 服务，同时根据自身的算法生成测试入参和 Mock 服务的参数，这样就为被测服务建立了"沙盒"机制，从而保证以最高的覆盖度（这里可能是行覆盖率、分支覆盖率等）生成对于 EvoSuite 而言最小但覆盖度最优的测试用例集并保存下来。EvoSuite 提供了如下 4 种运行方法：

❑ 命令行 Jar 包调用；

❑ Eclipse plugin；

❑ IntelliJ IDEA plugin；

❑ Maven plugin。

我们可以通过在 Shell 命令行中执行 Jar 包以快速启动和运行 EvoSuite。Eclipse plugin 和 IntelliJ IDEA plugin 则提供了基于 UI 交互的 EvoSuite 运行方式，十分适合初学者，但缺乏灵活性。Maven plugin 是通过 mvn 的 pom 依赖以插件方式引入的，当前支持 Maven 3.1 及其以上版本。EvoSuite 在通过 Maven 引入后，便可以和 Jenkins 插件结合，从而方便、快速地运行 EvoSuite。测试用例生成在我们使用 pom.xml 文件约定好的工程目录下，可通过 Maven 中的依赖引入 EvoSuite，而无须单独下载独立的 Jar 文件。

9.2.2　智能化 UI 测试

智能化 UI 测试的应用目前主要是在 Web 端和 App 端借助一些智能化技术实现业务流程的执行、结果识别、高容错以及多场景适配等。智能化测试在 UI 测试方面的发展重点是解决低 ROI（Return On Investment，投资回报率）的痛点问题，智能化 UI 测试的优越性已经非常明显——可以使测试变得更加精准、智能和高效。

利用各种各样的算法、技术来解决自动化测试中的问题已经成为一种技术趋势。现在的智能化测试并不仅仅是做简单的数据对比、数据生成等，而是朝解决更加复杂的测试业务逻辑的方向发展。在此过程中，出现了许多用于解决不同问题的测试解决方案。在 Web 的智能化 UI 测试解决方案中，开源的 recheck-web 工具在脚本自动化容错方面表现非常优秀。

recheck-web 是基于 Selenium 的测试框架，测试工程师通过 recheck-web 可以轻松地创建和维护测试脚本。如果从事过 Web 界面的自动化测试，那么肯定遇到过如下情形。

❑　好不容易调试好的脚本中某个元素的 id 发生变化而使自动化测试失效。

❑　测试脚本中用到的元素查找及定位方法都没有问题，但脚本在运行时报错。

这也是很多时候大家觉得 UI 测试的 ROI 很低的重要原因。为了提高 UI 测试的 ROI，recheck-web 应运而生。recheck-web 会创建网站的一个副本，并在每次分析网站时都基于这个副本进行比较，从而使那些于业务流程而言无关紧要的变更可以基于副本找到对应的元素并识别已经发生变更的元素，并最终完成自动化测试流程。

recheck-web 是基于 Selenium 的智能化测试框架。因此，在使用 recheck-web 之前，我们需要在本地环境中安装 Selenium，然后在测试脚本中添加代码清单 9-1 所示的 Maven 依赖。

代码清单 9-1

```
1    <dependency>
2        <groupId>de.retest</groupId>
3        <artifactId>recheck-web</artifactId>
4        <version><!-- latest version, see above link --></version>
5    </dependency>
```

刚才介绍了 Web 的智能化 UI 测试框架，下面我们介绍 App 端的智能化测试框架。说到 App 端的智能化测试框架，Appium 首届一指。智能化测试的推动者 Test.ai 和 Appium 公司合作开发了一个 Appium 专用的 AI 插件，专门用来查找元素。这个 AI 插件能告诉我们每一个图标都代表什么，如购物车。这样在使用 Appium 进行测试脚本的设计时，就可以依据图标的实际含义直接找到对应的按钮，从而完成业务流程的测试工作。我们只需要训练智能化测试算法，使其能够主动识别图标即可，而不需要学习上下文，更不需要匹配精准的图标，这样跨平台、跨硬件的兼容性就得到了满足。

9.3　小结

测试技术的发展较缓慢，从研发工程师自测直到后来测试工程师岗位的出现，测试的方法、流程、技术才开始逐渐出现在软件开发流程中。自动化测试是为了实现一些难以达到的测试效果而出现的，测试工程师最早开始使用的自动化测试技术是性能测试，LoadRunner 开创了测试技术的先河。随后，测试技术逐渐朝多个方向发展并分成多个领域，并且逐渐开源。如今，开源的性能测试工具、自动化接口测试平台、自动化 UI 测试框架琳琅满目，测试技术越来越受整个 IT 行业重视。

随着 DevOps 的快速发展，越来越多的 IT 公司开始关注工程效能，亚马逊曾创造一天 5000 万次部署的神话。在这个由 DevOps 造就的神话中，除大家耳濡目染的持续集成、持续交付和持续部署（正是它们完成了 DevOps 工具链的建设，从而极大提高了交付效率）之外，还有隐藏在背后的工程效能的提升。在交付流水线顺利完成交付后，系统的质量保障便成为制约工程效能的痛点，这促进了自动化测试技术的发展。自动化测试技术发展到一定程度后，便进入智能化测试时代。

附录 A　HTTP 知识点

表 A-1 展示了请求-响应的状态码。

表 A-1　请求-响应的状态码

分类	状态码	名称	描述
消息	100	Continue	表示客户端应继续发出请求
	101	Switching Protocols	表示服务器应根据客户端发出的请求切换协议，但只能切换到更高级的协议，比如切换到 HTTP 的新版协议
	102	Processing	由 WebDAV（RFC 2518）扩展的状态码，表示处理将继续进行
成功	200	OK	表示请求已成功，希望的响应头或数据体会随响应返回
	201	Created	表示请求已被实现，另有一个新的资源已根据请求的需要而建立，这个资源的 URI 已随 Location 头信息返回。如果请求需要的资源无法及时建立，那么应返回'202 Accepted'
	202	Accepted	表示请求已被接受，但服务器尚未执行任何操作
	203	Non-Authoritative Information	表示请求虽然已成功，但返回的 meta 信息并非来自原始的服务器，而是来自资源的副本
	204	No Content	表示服务器虽然成功处理了请求，但并未返回内容，用于在未更新网页的情况下，确保浏览器继续显示当前文档
	205	Reset Content	表示请求处理成功，但用户终端（如浏览器）应重置文档视图，用于告诉浏览器清除页面上的所有表单元素
	206	Partial Content	表示服务器成功处理了部分请求
	207	Multi-Status	由 WebDAV（RFC 2518）扩展的状态码，表示之后的消息体是 XML 格式，并且有可能因为子请求数量的不同，包含一系列独立的响应代码

续表

分类	状态码	名称	描述
重定向	300	Multiple Choices	表示请求的 URL 指向多个资源,此时会有一个列表客户端(如浏览器)选择资源
	301	Moved Permanently	表示请求的资源已被永久移到新的 URI,并且返回的信息中包含新的 URI。此外,浏览器也会自动重定向到新的 URI,之后所有新的请求都将使用新的 URI
	302	Found	与状态码 301 类似,但资源只临时移动,客户端仍继续使用原来的 URI
	303	See Other	与状态码 301 类似,可以使用 GET 和 POST 请求查看其他地址
	304	Not Modified	表示请求的资源未发生修改,服务器在返回状态码 304 时,不会返回任何资源。客户端通常会缓存访问过的资源,并通过提供头信息指出客户端希望只返回在指定日期之后发生修改的资源
	305	Use Proxy	表示请求的资源必须通过代理进行访问
	306	Unused	状态码 306 已不再使用
	307	Temporary Redirect	与状态码 302 类似,但使用 GET 请求进行重定向
请求错误	400	Bad Request	表示语义有误,服务器无法理解当前请求。除非对当前请求进行修改,否则客户端不应重复提交
	401	Unauthorized	表示要访问请求的资源,首先应进行身份认证
	402	Payment Required	状态码 402 是为将来预留的,尚未使用
	403	Forbidden	表示服务器虽然理解请求,但是拒绝进行处理
	404	Not Found	表示服务器无法根据客户端的请求找到资源,网站设计人员通常会设置像"您所请求的资源无法找到"这样的个性化页面
	405	Method Not Allowed	表示客户端请求中的方法已被禁止
	406	Not Acceptable	表示服务器无法根据客户端请求的内容完成请求
	407	Proxy Authentication Required	与状态码 401 类似,但是应使用代理进行授权
	408	Request Timeout	表示请求超时。客户端没有在服务器预定的时间内完成请求的发送,但客户端可以随时再次提交请求而无须进行任何更改
	409	Conflict	表示服务器在处理请求时发生资源冲突
	410	Gone	表示客户端请求的资源已不存在。但状态码 410 不同于状态码 404:如果资源以前有而现在被永久删除,那么可以返回状态码 410。网站设计人员可通过状态码 301 指定资源新的位置
	411	Length Required	表示服务器无法处理客户端发送的不带 Content-Length 的请求信息
	412	Precondition Failed	表示客户端请求信息的先决条件失败
	413	Request Entity Too Large	表示请求体过大,服务器无法处理,因此拒绝请求。为了防止客户端连续发送请求,服务器可能会关闭连接。如果服务器只是暂时无法处理请求,那么将会返回包含 Retry-After 的响应信息

分类	状态码	名称	描述
请求错误	414	Request URI Too Large	表示请求的 URI 过长（URI 通常为网址），导致服务器无法处理
	415	Unsupported Media Type	表示服务器无法理解或支持客户端请求的内容类型，因此拒绝请求
	416	Requested Range Not Satisfiable	表示客户端请求的范围无效
	417	Expectation Failed	表示服务器无法满足您在请求的 Expect 部分指定的预期内容
服务器错误	500	Internal Server Error	表示服务器遇到不曾预料的错误，导致无法完成请求的处理。一般来说，仅当服务器端的源代码出现错误时才会返回状态码 500
	501	Not Implemented	表示客户端发起的请求超出服务器的能力范围，比如使用服务器不支持的请求方法
	502	Bad Gateway	表示当作为网关或代理工作的服务器尝试处理请求时，从上游服务器接收到无效响应
	503	Service Unavailable	表示由于超载或系统维护，服务器暂时无法处理客户端请求，延时数据包含在服务器的 Retry-After 头信息中
	504	Gateway Timeout	表示当作为网关或代理工作的服务器尝试处理请求时，未能及时从上游服务器（使用 URI 标识的服务器，如 HTTP、FTP、LDAP 服务器等）或辅助服务器（如 DNS 服务器）接收到响应
	505	HTTP Version Not Supported	表示服务器不支持或拒绝支持客户端请求中使用的 HTTP 版本，这暗指服务器不能或不想使用与客户端相同的 HTTP 版本

表 A-2 展示了 HTTP 请求头。

表 A-2　HTTP 请求头

HTTP 请求头	作用	示例
Accept	指定客户端支持的内容类型	Accept: text/plain, text/html
Accept-Charset	指定浏览器支持的字符编码集	Accept-Charset: iso-8859-5
Accept-Encoding	指定浏览器支持的 Web 服务器所返回内容的压缩编码类型	Accept-Encoding: compress, gzip
Accept-Language	指定浏览器支持的语言	Accept-Language: en,zh
Accept-Ranges	指定服务器能否处理范围请求：bytes 表示能，none 表示不能	Accept-Ranges: bytes
Authorization	指定 HTTP 身份认证的凭据	Authorization: Basic QWxhZGRpbjpvcGVuIHNlc2FtZQ==
Cache-Control	指定请求和响应遵循的缓存机制	Cache-Control: no-cache
Connection	指定是否需要持久连接（HTTP 1.1 默认会进行持久连接）	Connection: close
Cookie	非常重要的 HTTP 请求头，用于将 Cookie 信息发送给服务器	Cookie: $Version=1; Skin=new;

续表

HTTP 请求头	作用	示例
Content-Length	指定请求的内容长度	Content-Length: 348
Content-Type	指定请求中与实体对应的 MIME 信息	Content-Type: application/x-www-form-urlencoded
Date	指定请求发送的日期和时间	Date: Tue, 15 Nov 2010 08:12:31 GMT
Expect	指定请求的特定服务器行为	Expect: 100-continue
From	指定发出请求的用户的电子邮箱	From: user@email.com
Host	指定服务器的域名和端口号	Host: www.epubit.com
If-Match	设置客户端的 ETag（ETag 用来标识 URL 对象是否发生改变），仅当客户端的 ETag 和服务器生成的 ETag 一致时，才更新自从上次更新以来未发生改变的资源	If-Match: "737060cd8c284d8af7ad3082f209582d"
If-Modified-Since	设置更新时间，从设置的更新时间到服务端接收请求这段时间内，如果资源没有发生改变，则允许服务器返回 304 Not Modified	If-Modified-Since: Sat, 29 Oct 2010 19:43:31 GMT
If-None-Match	设置客户端的 ETag，如果客户端的 ETag 和服务器生成的 ETag 不一致，则允许服务器返回 304 Not Modified	If-None-Match: "737060cd8c284d8af7ad3082f209582d"
If-Range	返回客户端丢失的实体部分，否则返回整个实体	If-Range: "737060cd8c284d8af7ad3082f209582d"
If-Unmodified-Since	仅当实体在指定时间过后未发生修改时才请求成功	If-Unmodified-Since: Sat, 29 Oct 2010 19:43:31 GMT
Max-Forwards	限制信息通过代理和网关传送的时间	Max-Forwards: 10
Pragma	设置特殊的实现字段	Pragma: no-cache
Proxy-Authorization	设置连接到代理的授权凭据	Proxy-Authorization: Basic QWxhZGRpbjpvcGVuIHNlc2FtZQ==
Range	指定范围，从而只请求实体的一部分	Range: bytes=500-999
Referer	设置前一个页面的地址	Referer: http://www.epubit.com/index.html
TE	设置客户端期望的传输编码	TE: trailers, deflate; q=0.5
Upgrade	向服务器指定某种传输协议以便服务器进行切换（如果支持）	Upgrade: HTTP/2.0, SHTTP/1.3, IRC/6.9, RTA/x11
User-Agent	设置发出请求的用户的信息	User-Agent: Mozilla/5.0（Linux; X11）
Via	设置网关或代理服务器的网址、通信协议等	Via: 1.0 fred, 1.1 nowhere.com （Apache/1.1）
Warning	设置警告信息	Warn: 199 Miscellaneous warning

表 A-3 展示了 HTTP 响应头。

表 A-3　HTTP 响应头

HTTP 响应头	作用	示例
Age	指定从原始服务器到代理缓存形成的时间（以秒计，非负）	Age: 12
Allow	设置对于某特定资源的有效请求行为，如果不允许，就返回状态码 405	Allow: GET, HEAD
Cache-Control	指定从服务器到客户端的所有缓存机制是否可以缓存对象	Cache-Control: no-cache
Content-Encoding	指定 Web 服务器所返回内容的压缩编码类型	Content-Encoding: gzip
Content-Language	指定响应体的语言	Content-Language: en, zh
Content-Length	指定响应体的长度	Content-Length: 348
Content-Location	指定返回数据的另一个位置	Content-Location: /index.htm
Content-MD5	指定所返回资源的 MD5 校验值	Content-MD5: Q2hlY2sgSW50ZWdyaXR5IQ
Content-Range	指定返回的内容属于完整消息体的哪一部分	Content-Range: bytes 21010-47021/47022
Content-Type	指定所返回内容的 MIME 类型	Content-Type: text/html; charset=utf-8
Date	指定原始服务器发出消息的时间	Date: Tue, 15 Nov 2010 08:12:31 GMT
ETag	用来标识特定版本的资源，通常是消息摘要	ETag: "737060cd8c284d8af7ad3082f209582d"
Expires	指定响应过期的日期和时间	Expires: Thu, 01 Dec 2010 16:00:00 GMT
Last-Modified	指定请求资源的最后修改时间	Last-Modified: Tue, 15 Nov 2010 12:45:26 GMT
Location	用来重定向非请求 URL 的位置，从而完成请求或标识新的资源	Location: http://www.epubit.com
Pragma	设置特殊的实现字段	Pragma: no-cache
Proxy-Authenticate	设置访问代理的请求权限	Proxy-Authenticate: Basic
Refresh	用来重定向或创建新的资源	Refresh: 5; url=http://www.epubit.com
Retry-After	如果实体暂时不可获取，那么通知客户端在指定时间过后再次尝试	Retry-After: 120
Server	指定 Web 服务器的名称	Server: Apache/1.3.27(UNIX) (Red Hatl/Linux)
Set-Cookie	设置 Http Cookie	Set-Cookie: UserID=JohnDoe; Max-Age=3600; Version=1
Trailer	设置传输中分块编码的相关信息	Trailer: Max-Forwards
Transfer-Encoding	设置文件传输的编码格式	Transfer-Encoding:chunked
Vary	通知下一级代理如何匹配未来的请求头	Vary: *
Via	通知客户端代理发送什么响应	Via: 1.0 fred, 1.1 nowhere.com(Apache/1.1)
Warning	设置警告信息	Warning: 199 Miscellaneous warning
WWW-Authenticate	设置客户端请求实体使用何种授权方案	WWW-Authenticate: Basic

附录 B HTTP 代理工具

B.1.1 截获 HTTPS 请求

启动 Fiddler，在菜单栏中选择 Tools→Options，打开 Options 对话框，选择 HTTPS 选项卡，按照图 B-1 进行设置。

图 B-1 设置如何截获 HTTPS 请求

单击 Options 对话框右侧的 Actions 按钮，从弹出的列表中选择 Export Root Certificate to Desktop，导出证书，如图 B-2 所示。

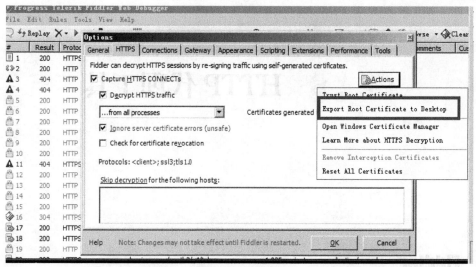

图 B-2　导出证书

证书导出成功后，将出现图 B-3 所示的提示信息，单击"确定"按钮。

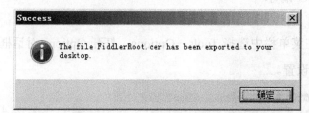

图 B-3　证书导出成功后的提示信息

打开浏览器（以 Google Chrome 为例），进入浏览器的设置界面，选择高级设置区域中的"管理证书"，如图 B-4 所示。

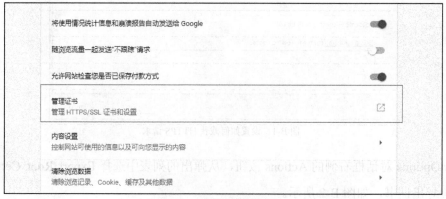

图 B-4　选择"管理证书"

在打开的"证书"对话框中，单击"导入"按钮，导入证书，如图 B-5 所示。

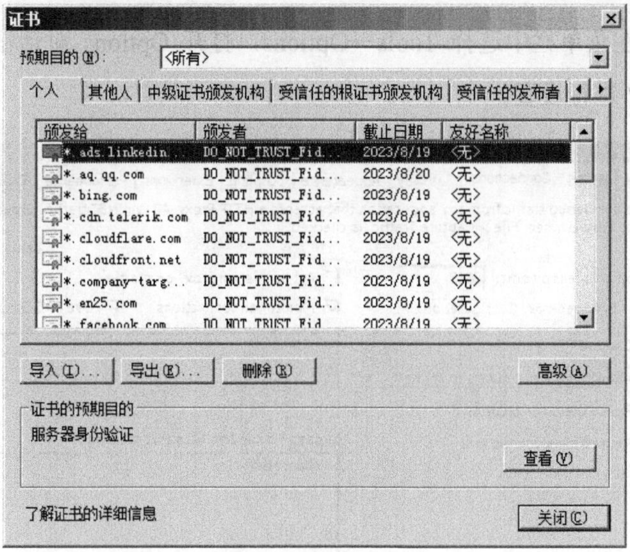

图 B-5 导入证书

选择桌面上的 FiddlerRoot.cer 文件，单击"下一步"按钮，启用证书导入向导，如图 B-6 所示。

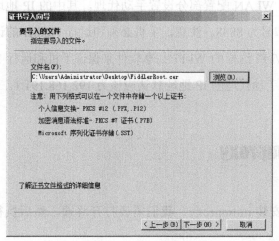

图 B-6 证书导入向导

按照证书导入向导的提示连续单击"下一步"按钮，即可截获 HTTPS 请求。

B.1.2　截获手机请求

启动 Fiddler，在菜单栏中选择 Tools→Options，打开 Options 对话框，选择 Connections 选项卡，按照图 B-7 进行设置。

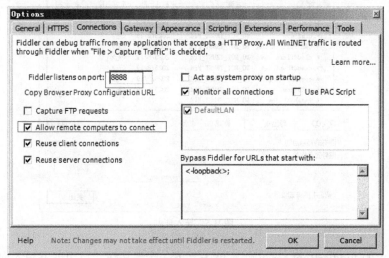

图 B-7　设置如何截获手机请求

然后，在手机端的 WLAN 配置部分设置手动代理，其中的 IP 地址与运行 Fiddler 的计算机的 IP 地址一样，端口号为 8888。注意，手机必须和运行 Fiddler 的计算机在同一局域网内。我们可以使用像猎豹 Wi-Fi 这样的 Wi-Fi 共享软件来保证手机和运行 Fiddler 的计算机在同一局域网内，此时手机端手动代理的 IP 地址默认应该为 192.168.191.1。

B.2　安装 mitmproxy

为了在 macOS 中安装 mitmproxy，我们需要打开终端，然后执行代码清单 B-1 所示的命令。

代码清单 B-1

```
brew install mitmproxy
```

为了在 Ubuntu 系统中安装 mitmproxy，我们首先需要进入 Shell 控制台，然后执行代码清单 B-2 所示的命令。

代码清单 B-2

```
sudo apt install mitmproxy
```

至于其他的 Linux 发行版本，从 mitmproxy 官网下载相应的二进制包，解压即可。

为了在 Windows 系统中安装 mitmproxy，我们需要下载 mitmproxy 安装包并双击，然后根据提示，连续单击“下一步”按钮就可以了，此处不再赘述。

B.3　安装 Postman

Postman 安装文件的下载地址参见 Postman 网官，请读者根据自己使用的平台下载相应的安装包。

为了在 Windows 系统中安装 Postman，请下载相应的安装文件并双击，然后根据提示，连续单击“下一步”按钮就可以了。安装成功后，“开始”菜单中将会出现 Postman 的快捷启动图标。

为了在 macOS 中安装 Postman，我们需要下载相应的安装包。解压后，双击 Postman 安装文件，在弹出的界面中单击 Move to Applications Folder 按钮，如图 B-8 所示，即可按照提示安装 Postman。

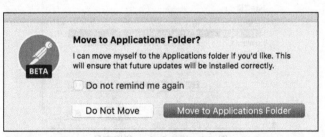

图 B-8　单击 Move to Applications Folder 按钮

为了在 Ubuntu 系统中安装 Postman，我们需要首先下载二进制的分发包，然后解压即可。要启动 Postman，进入解压目录并双击其中的 Postman 图标。

附录 C　Python 环境的配置和 Battle 系统 API

C.1　Python 环境的配置

1. 在 Windows 系统中安装 Python 和 pip

首先，从 Python 官网下载 Python 3.8 的安装包。这里的安装过程是基于 Windows 7（64 位）企业版进行的，其他 Windows 版本与此类似。

下载完之后，双击安装包进行安装，按照安装向导的提示连续单击"下一步"按钮即可。安装成功后，添加 Python 环境变量，如图 C-1 所示（Python 被安装到了 C 盘）。

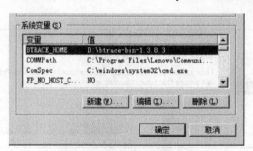

图 C-1　添加 Python 环境变量

打开命令行窗口，输入 python 命令并执行，若出现图 C-2 所示的信息，就说明 Python 已经安装好了。

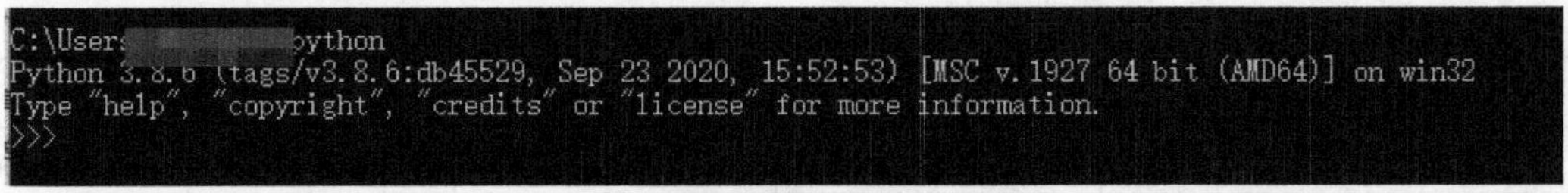

```
C:\Users            python
Python 3.8.6 (tags/v3.8.6:db45529, Sep 23 2020, 15:52:53) [MSC v.1927 64 bit (AMD64)] on win32
Type "help", "copyright", "credits" or "license" for more information.
>>>
```

图 C-2　验证 Python 是否安装成功

安装完 Python 之后，我们还需要安装 pip（pip 是 Python 的包管理工具）。pip 的安装脚本可从 GitHub 网站下载。打开命令行窗口，执行 python get-pip.py 命令，Windows 系统将自行下载和安装 pip。等 pip 安装成功后，Python 环境就配置好了。

2. 在 macOS 中安装 Python 和 pip

首先，从 Python 官网下载 Python 3.8 的安装包。这里的安装过程是基于 macOS Big Sur 11.6 进行的，其他 macOS 版本与此类似。

下载完之后，双击安装包进行安装，按照安装向导的提示连续单击"下一步"按钮即可。安装完成后，在终端执行 python –V 命令，若出现图 C-3 所示的信息，就说明 Python 已经安装好了。

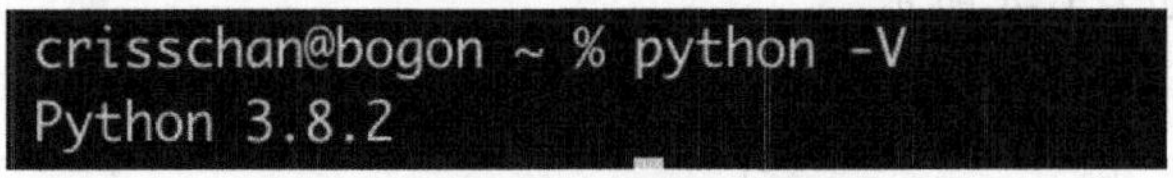

```
crisschan@bogon ~ % python -V
Python 3.8.2
```

图 C-3　验证 Python 是否安装成功

要安装 pip 包管理工具，可在终端执行 sudo easy_install pip 命令。等 pip 安装成功后，Python 环境就配置好了。

C.2　Battle 系统 API

本节涉及的所有长度都以是 Linux CentOS7.Caojie 3.10.0-957.el7.x86_64 操作系统为基础的。

C.2.1　首页

首页接口的说明如表 C-1 所示。

表 C-1　首页接口的说明

接口描述	调用方式	访问路由	入参方式	响应内容
访问 Battle 系统的首页	GET	/或/index	无	说明性文本

选择难度接口的说明如表 C-2 所示。

表 C-2　选择难度接口的说明

接口描述	调用方式	访问路由	入参方式	响应内容
访问首页	GET	/dif	URL 传参	说明性文本

选择难度接口的入参如表 C-3 所示。

表 C-3　选择难度接口的入参

参数名称	类型	长度限制（字符数）	是否可空	备注
diff	String	4	否	可以选择 hard 和 easy 两种模式

C.2.2　登录

登录接口的说明如表 C-4 所示。

表 C-4　登录接口的说明

接口描述	调用方式	访问路由	入参方式	响应内容
登录	POST	/login	param1=1&param2=2	说明性文本

登录接口的入参如表 C-5 所示。

表 C-5　登录接口的入参

名称	类型	长度限制（字符数）	是否可空	备注
username	String	30	否	英文名称
password	String	30	否	英文名称

C.2.3　选择设备

选择设备接口的说明如表 C-6 所示。

表 C-6 选择设备接口的说明

接口描述	调用方式	访问路由	入参方式	响应格式	响应内容
选择设备	POST	/selectEq	param1=1&param2=2	JSON	说明性文本

选择设备接口的入参如表 C-7 所示。

表 C-7 选择设备接口的入参

名称	类型	长度限制（字符数）	是否可空	备注
equipmentid	Integer	4	否	设备编号

选择设备接口的返回参数如表 C-8 所示。

表 C-8 选择设备接口的返回参数

名称	类型	长度限制（字符数）	是否可空	备注
equipmentid	Integer	无	否	所选设备的 id
message	String	无	是	交互结果的描述信息

C.2.4 杀敌

杀敌接口的说明如表 C-9 所示。

表 C-9 杀敌接口的说明

接口描述	调用方式	访问路由	入参方式	响应格式	响应内容
选择装备	POST	/kill	param1=1&param2=2	文本	说明性文本

杀敌接口的入参如表 C-10 所示。

表 C-10 杀敌接口的入参

名称	类型	长度限制（字符数）	是否可空	备注
equipmentid	Integer	4	否	装备编号
enemyid	Integer	4	否	敌人的编号

附录 D　gRPC 服务

gRPC 既是高性能、开源且通用的 RPC 框架，也是一种进程间通信技术，由 Google 推出。gRPC 框架是基于 HTTP/2 协议标准设计和开发的，默认采用 Protocol Buffers 来序列化数据，并且支持多种开发语言。

D.1　下载 gRPC 服务的代码并安装依赖

从 GitHub 仓库下载 gRPC 服务的代码，然后安装依赖，如代码清单 D-1 所示。

代码清单 D-1

```
pip install -r requirements.txt
```

D.2　启动 gRPC 服务

安装完全部依赖后，启动 gRPC 服务，如代码清单 D-2 所示。

代码清单 D-2

```
python greeter_server.py
```

D.3 验证 gRPC 服务是否启动成功

通过代码清单 D-3 运行 gRPC 服务的客户端。

代码清单 D-3

```
python greeter_client.py
```

如果在服务器端的控制台看到代码清单 D-4 所示的信息，并且在客户端的控制台看到代码清单 D-5 所示的信息，就说明 gRPC 服务已经启动成功。

代码清单 D-4

```
1   /usr/local/bin/python3.8 /greeter_server.py
2   Hello, you!
```

代码清单 D-5

```
1   /usr/local/bin/python3.8 /greeter_client.py
2   Greeter client received: Hello, you!
3   Process finished with exit code 0
```

附录 E   SonarQube 的部署和使用

SonarQube（简称 Sonar）是用于代码质量管理的开源平台，而非质量数据报告工具。通过利用插件机制，SonarQube 能与不同的测试工具、代码分析工具和持续集成平台相结合。目前，SonarQube 已经能够支持绝大多数主流的编程语言，包括 C、Java、C#、Python 等。同时，SonarQube 还提供了与各种 IDE 集成的方法，以便在不同场景下引入和使用。

E.1   部署 SonarQube

推荐使用 Docker 部署 SonarQube。容器化的好处不言而喻，那么如何使用 Docker 部署 SonarQube 呢？首先，从公共仓库拉取镜像，如代码清单 E-1 所示。

代码清单 E-1

```
1    docker pull postgres
2    docker pull sonarqube
```

然后，使用 docker run 命令启动 SonarQube，如代码清单 E-2 所示。

代码清单 E-2

```
1    # 启动数据库
2    docker run --name db -e POSTGRES_USER=sonar -e POSTGRES_PASSWORD=sonar -d postgres
3    # 启动 SonarQube
4    docker run --name sq --link db -e SONARQUBE_JDBC_URL=jdbc:postgresql://db:5432/
         sonar -p 9000:9000 -d sonarqube
```

启动后，我们就可以通过 http://localhost:9000 访问 SonarQube 了。第一次启动 SonarQube 时速度可能会稍微慢一些，如图 E-1 所示。

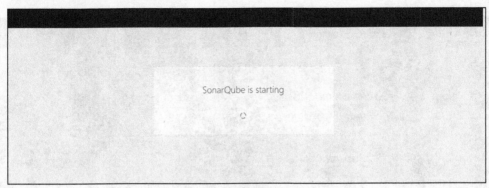

图 E-1　启动 SonarQube

进入图 E-2 所示的登录页面，这里使用的用户名是 admin，密码也是 admin。登录成功后，SonarQube 会提醒您配置令牌，这里配置的令牌等到后续与 Jenkins 及很多其他平台进行交互时会用到。

图 E-2　SonarQube 的登录页面

对于 Maven 和 Gradle 项目而言，只需要将对应的配置添加到项目的配置文件中，我们就可以利用 SonarQube 对项目进行质量保障。SonarQube 既可以通过流水线调用对项目进行静态代码扫描，也可以通过集成在 IDE 中完成代码扫描。

E.2　在本地开发环境中集成 SonarQube 扫描服务

我们可以为 IntelliJ IDEA 添加 SonarQube 的各种插件，这样在研发变更完成后，即可在本

地进行代码扫描，从而在本地解决技术债务问题，防止代码污染远端仓库。为此，打开 IntelliJ
IDEA 的 Setting 菜单，进入插件管理界面，如图 E-3 所示。

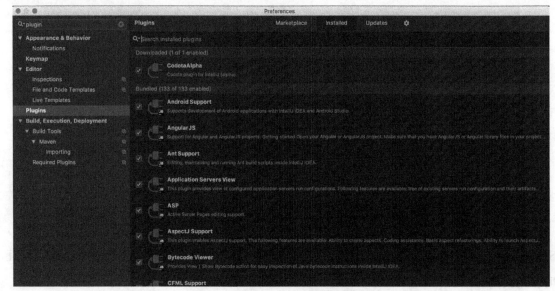

图 E-3　IntelliJ IDEA 的插件管理界面

　　打开 Marketplace 标签页，在插件搜索框中输入 sonar，选择安装 SonarLint 插件，如图 E-4
所示。

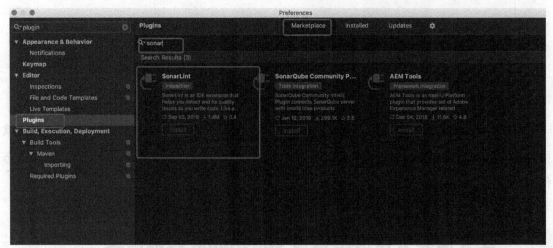

图 E-4　选择安装 SonarLint 插件

　　重启 IntelliJ IDEA 后，我们便有了接入 SonarQube 的最原始手段，等完成配置后，就可以在本地进行代码扫描了。再次打开 IntelliJ IDEA 的 Setting 菜单，选择 Other Settings→SonarLint General Settings，如图 E-5 所示。

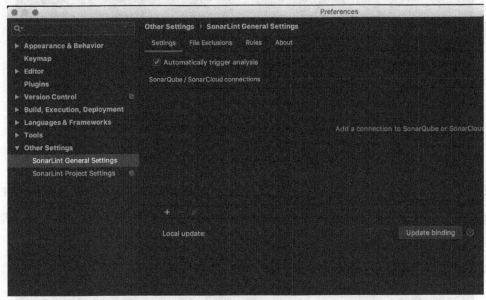

图 E-5 选择 Other Settings→SonarLint General Settings

在 SonarQube / SonarCloud connections 选项区域中，添加私有化的 SonarQube 服务，如图 E-6 所示。

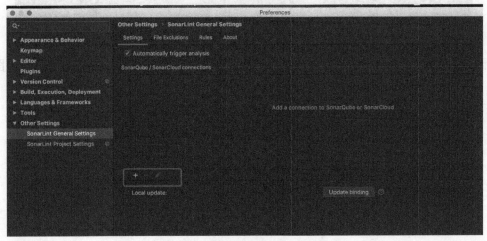

图 E-6 添加私有化的 SonarQube 服务

进入 SonarQube 服务的配置界面，如图 E-7 所示。

图 E-7　SonarQube 服务的配置界面

选择好登录时的身份认证方式（使用令牌或用户名和密码）之后，打开 IntelliJ IDEA 的 Setting 菜单，选择 Other Settings→SonarLint Project Settings，单击 Search in list 按钮，指定一个项目，单击 OK 按钮即可完成 SonarQube 服务的配置，如图 E-8 所示。

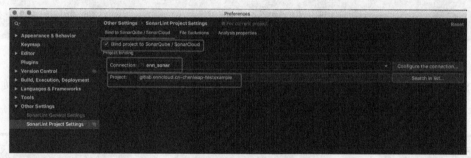

图 E-8　配置 SonarQube 服务

配置成功后，进入 IntelliJ IDEA 的项目界面，界面底部将会出现 SonarLint 图标，如图 E-9 所示。

图 E-9　SonarLint 图标

选择完代码后，单击 SonarLint 标签页中绿色的运行按钮，就可以在本地进行代码扫描了，如图 E-10 所示。

图 E-10　在本地扫描代码

首先，打开 settings.xml 文件（这个 XML 文件可在 Maven 配置中找到），在其中添加代码清单 E-3 所示的内容。

代码清单 E-3

```
1    <profile>
2            <id>sonar</id>
3            <activation>
4                <activeByDefault>true</activeByDefault>
5            </activation>
6            <properties>
7                <sonar.jdbc.url>jdbc:mysql://localhost:3006/
                     sonar?useUnicode=true&amp;characterEncoding=utf8&amp;
                     rewriteBatchedStatements=true</sonar.jdbc.url>
8                <sonar.jdbc.username>root</sonar.jdbc.username>
9                <sonar.jdbc.password>123456</sonar.jdbc.password>
10               <sonar.host.url>http://localhost:9000</sonar.host.url>
11           </properties>
12   </profile>
```

然后，在执行 mvn 命令时带上 sonar:sonar，如代码清单 E-4 所示。

代码清单 E-4

```
mvn clean package sonar:sonar
```

进入 SonarQube 的 Web 页面即可看到执行结果。另外，将 SonarQube 直接配置到 Jenkins 中可以达到同样的效果。

附录 F　EvoSuite 的配置和使用问题

F.1　EvoSuite 的配置

以 Maven 项目为例，对于想要使用的模块，对 pom 文件中的如下部分进行修改。

F.1.1　properties 部分

在 pom 文件的 properties 部分，添加代码清单 F-1 所示的内容。

代码清单 F-1

```
1    <properties>
2        <evosuiteVersion>1.0.6</evosuiteVersion>
3    </properties>
```

F.1.2　dependencies 部分

在 pom 文件的 dependencies 部分，添加代码清单 F-2 所示的内容。

代码清单 F-2

```
1    <dependencies>
2      <dependency>
3          <groupId>junit</groupId>
```

```
4            <artifactId>junit</artifactId>
5            <version>4.12</version>
6            <scope>test</scope>
7        </dependency>
8        <dependency>
9            <groupId>org.evosuite</groupId>
10           <artifactId>evosuite-standalone-runtime</artifactId>
11           <version>${evosuiteVersion}</version>
12           <scope>test</scope>
13       </dependency>
14       <dependency>
15           <groupId>org.apache.maven.surefire</groupId>
16           <artifactId>surefire-junit4</artifactId>
17           <version>2.19</version>
18       </dependency>
19        <dependency>
20           <groupId>org.apache.maven.plugins</groupId>
21           <artifactId>maven-surefire-report-plugin</artifactId>
22           <version>3.0.0-M3</version>
23       </dependency>
24   </dependencies>
```

F.1.3　build 部分

在 pom 文件的 build 部分，添加代码清单 F-3 所示的内容。

代码清单 F-3

```
1    <build>
2        <plugins>
3            <plugin>
4                <groupId>org.evosuite.plugins</groupId>
5                <artifactId>evosuite-maven-plugin</artifactId>
6                <version>1.0.6</version>
7                <executions><execution>
8                    <goals> <goal> prepare </goal> </goals>
9                    <phase> process-test-classes </phase>
```

```
10              </execution></executions>
11          </plugin>
12
13          <plugin>
14              <groupId>org.codehaus.mojo</groupId>
15              <artifactId>cobertura-maven-plugin</artifactId>
16              <version>2.7</version>
17              <configuration>
18                  <instrumentation>
19                      <ignores>
20                          <ignore>com.example.boringcode.*</ignore>
21                      </ignores>
22                      <excludes>
23                          <exclude>com/example/dullcode/**/*.class</exclude>
24                          <exclude>com/example/**/*Test.class</exclude>
25                      </excludes>
26                  </instrumentation>
27                  <check/>
28              </configuration>
29              <executions>
30                  <execution>
31                      <goals>
32                          <goal>clean</goal>
33                      </goals>
34                  </execution>
35              </executions>
36          </plugin>
37          <!--生成测试报告（命令行不带 surefire-report:report）  -->
38          <plugin>
39              <artifactId>maven-surefire-plugin</artifactId>
40              <configuration>
41                  <testFailureIgnore>true</testFailureIgnore> <!-- ///////  -->
42                  <includes>
43                      <include>**/*Test.java</include>         <!-- ///////  -->
44                  </includes>
45                  <excludes>
46                      <!-- -->
```

```
47              </excludes>
48          </configuration>
49      </plugin>
50
51      <!--生成格式更友好的测试报告-->
52      <plugin>
53          <groupId>org.jvnet.maven-antrun-extended-plugin</groupId>
54          <artifactId>maven-antrun-extended-plugin</artifactId> <!-- -->
55          <executions>
56              <execution>
57                  <id>test-reports</id>
58                  <phase>test</phase>              <!-- /////////// -->
59                  <configuration>
60                      <tasks>
61                          <junitreport
                                todir="${basedir}/target/surefire-reports">
62                              <fileset
                                    dir="${basedir}/target/surefire-reports">
63                                  <include name="**/*.xml" />
64                              </fileset>
65                              <report format="frames"
                                    todir="${basedir}/target/surefire-reports"/>
                                                    <!-- /////////// -->
66                          </junitreport>
67                      </tasks>
68                  </configuration>
69                  <goals>
70                      <goal>run</goal>
71                  </goals>
72              </execution>
73          </executions>
74          <dependencies>
75              <dependency>
76                  <groupId>org.apache.ant</groupId>
77                  <artifactId>ant-junit</artifactId>
78                  <version>1.8.0</version>
79              </dependency>
```

```
80                    <dependency>
81                        <groupId>org.apache.ant</groupId>
82                        <artifactId>ant-trax</artifactId>
83                        <version>1.8.0</version>
84                    </dependency>
85                </dependencies>
86            </plugin>
87            <plugin>
88                <groupId>org.apache.maven.plugins</groupId>
89                <artifactId>maven-surefire-report-plugin</artifactId>
90            </plugin>
91        </plugins>
92    </build>
```

F.1.4　project 部分

在 pom 文件的 project 部分，添加代码清单 F-4 所示的内容。

代码清单 F-4

```
1   <plugin>
2   <project>
3       <reporting>
4           <plugins>
5               <plugin>
6                   <groupId>org.codehaus.mojo</groupId>
7                   <artifactId>cobertura-maven-plugin</artifactId>
8                   <version>2.7</version>
9               </plugin>
10          </plugins>
11      </reporting>
12  </project>
```

完成 EvoSuite 的配置后，进入 IntelliJ IDEA 的项目界面，单击界面底部的 Terminal 图标，进入当前配置好的模块，执行代码清单 F-5 所示的命令。

代码清单 F-5

```
mvn evosuite:generate evosuite:export test
```

上述命令执行完之后，即可在模块的 test 路径下看到测试用例。要对生成的单元测试用例进行测试，单击 IntelliJ IDEA 项目界面底部的 Terminal 图标，进入当前配置好的模块，执行代码清单 F-6 所示的命令。

代码清单 F-6

```
mvn test
```

上述命令执行完之后，即可在模块的 target/surefire-reports 路径下看到 index.html 测试报告。继续执行代码清单 F-7 所示的命令。

代码清单 F-7

```
mvn cobertura:cobertura
```

上述命令执行完之后，对应模块的 target/sit/cobertura 路径下的 index 就是此次 AI-DT 单元测试脚本的代码覆盖度。

F.2　EvoSuite 使用中存在的问题及解决方法

EvoSuite 作为 C/S（客户-服务器）框架可以保证当服务器崩溃时仍保留已经生成的测试用例。EvoSuite 引入了 Mock 框架 Mokito，在生成测试用例的过程中，EvoSuite 会不断模拟所有的外部依赖（它们也是自动生成的），同时自动生成测试脚本和测试数据（测试数据是以先随机再深入搜索的方式生成的）。EvoSuite 以实现最高的代码覆盖度为目标，因此生成的测试用例到了最后都会有十分完美的覆盖，无论是行覆盖率、条件覆盖率还是圈复杂度等。这也促使使用 EvoSuite 生成的测试用例在执行时必须有 EvoSuite 的支持才行，也就是说，EvoSuite 的配置必须一直保留在项目中。介绍完 EvoSuite 的优点，我们再来看看 EvoSuite 有哪些不足。

纵观 EvoSuite 生成的所有测试用例，我们发现它们都有非常完美的代码覆盖度，但有的测试用例可能没有正确的业务逻辑。通过观察我们发现，EvoSuite 生成的测试用例和我们手写的测试用例可以同时运行，因此建议大家在项目中手动添加业务逻辑正确的测试用例，这无疑是保障被测项目质量的一种行之有效的手段。

F.2.1　处理 TooManyResourcesException 异常

在使用 JUnit 单元测试框架时，很有可能出现代码清单 F-8 所示的异常信息。

代码清单 F-8

```
1   Exception:
2   Caused by: org.evosuite.runtime.TooManyResourcesException: Loop has been
        executed more times than the allowed 10000
3   at org.evosuite.runtime.LoopCounter.checkLoop(LoopCounter.java:115)
4   at org.apache.xerces.impl.io.UTF8Reader.read(Unknown Source)
5   at org.apache.xerces.impl.XMLEntityScanner.load(Unknown Source)
6   at org.apache.xerces.impl.XMLEntityScanner.skipSpaces(Unknown Source)
7   at org.apache.xerces.impl.XMLDocumentScannerImpl$PrologDispatcher.
        dispatch(Unknown Source)
8   at org.apache.xerces.impl.XMLDocumentFragmentScannerImpl.
        scanDocument(Unknown Source)
9   at org.apache.xerces.parsers.XML11Configuration.parse(Unknown Source)
10  at org.apache.xerces.parsers.XML11Configuration.parse(Unknown Source)
11  at org.apache.xerces.parsers.XMLParser.parse(Unknown Source)
12  at org.apache.xerces.parsers.DOMParser.parse(Unknown Source)
13  at org.apache.xerces.jaxp.DocumentBuilderImpl.parse(Unknown Source)
14  at javax.xml.parsers.DocumentBuilder.parse(DocumentBuilder.java:121)
15  at org.apache.poi.util.DocumentHelper.readDocument(DocumentHelper.java:137)
16  at org.apache.poi.POIXMLTypeLoader.parse(POIXMLTypeLoader.java:115)
17  at org.openxmlformats.schemas.spreadsheetml.x2006.main.
        StyleSheetDocument$Factory.parse(Unknown Source)
18  at org.apache.poi.xssf.model.StylesTable.readFrom(StylesTable.java:203)
19  at org.apache.poi.xssf.model.StylesTable.(StylesTable.java:146)
```

EvoSuite 生成的所有单元测试类均继承自同名的脚手架类，在对应的脚手架类的 @BeforeClass 部分，参数 org.evosuite.runtime.RuntimeSettings.maxNumberOfIterationsPerLoop 为 10 000。当我们使用 JUnit 单元测试框架时，就是因为此项设置才出现代码清单 F-8 所示的异常信息。那么，org.evosuite.runtime.RuntimeSettings.maxNumberOfIterationsPerLoop 参数有什么作用呢？通过分析 EvoSuite 框架的源代码，我们发现 evosuite/runtime/src/main/java/org/evosuite/runtime/LoopCounter.java 文件的第 110～123 行能够抛出同样的异常，根据 EvoSuite 框架作者的注释，这个参数应该是为了避免无限循环而专门设置的。通过分析源代码的异常抛出位置可以看出，这是由于某些代码执行的次数超过 10 000 而抛出的异常，循环执行这么多次既有可能是模拟数据导致的，也有可能是内部脚本发生逻辑异常导致的。我们可以通过修改 maxNumberOfIterationsPerLoop 参数的条件判断来避免抛出异常。修改 evosuite/runtime/src/main/java/org/evosuite/runtime/LoopCounter.java 文件的第 96～98 行，如代码清单 F-9 所示。

代码清单 F-9

```
1    if(RuntimeSettings.maxNumberOfIterationsPerLoop < 0){
2        return;                    // 什么也不做
3    }
```

修 改 /Users/chancriss/Desktop/WorkSpace/JavaSpace/github/evosuite/runtime/src/main/java/org/evosuite/runtime/instrumentation/RuntimeInstrumentation.java 文件的第 144～146 行，如代码清单 F-10 所示。

代码清单 F-10

```
1    if(RuntimeSettings.maxNumberOfIterationsPerLoop >= 0) {
2        cv = new LoopCounterClassAdapter(cv);
3    }
```

由此可见，为了避免此类问题的出现，我们要做的并不是在对应的脚手架类中增大 org.evosuite.runtime.RuntimeSettings.maxNumberOfIterationsPerLoop 参数的值，而是将其设置成一个小于 0 的值。

F.2.2　处理 EvoSuite 字节码注入和 Jacoco 字节码注入之间的冲突

在使用 Jacoco 统计代码覆盖率的过程中，我们有时会发现统计的代码覆盖率是 0，原因可能是 EvoSuite 的字节码注入和 Jacoco 这类工具的字节码注入发生了冲突。字节码注入会改变编译器生成的某个类的字节码，从而完成计算某个方法的执行需要多长时间、改变执行流程等任务。我们可以添加或改变应用程序的字节码，这样就不用修改整个应用程序源了。这个问题的最佳解决方案就是换一种统计代码覆盖率的工具，推荐使用 Cobertura。

F.2.3 JVM 的巨型函数

在使用 EvoSuite 的过程中，有时会出现"Code too large to compile"（代码太长，无法编译）错误，但这种错误现在已经很难在编译代码时看到，尤其在面向对象思想深入人心的情况下，这种错误基本不会发生。之所以发生这种错误，是因为 JVM 不允许一个函数编译后的字节码超出 64KB，我们将编译后的字节码超出 64KB 的函数称作"巨型函数"。事实上，即便一个函数编译后的字节码没有超出 64KB，但如果在运行时其他工具或库导致对应的字节码超出 64KB，那么也会出现 java.lang.VerifyError 错误。这种错误也是 EvoSuite 的字节码注入导致的，但这确实是 JVM 的问题，目前还没有什么好的解决方法。